JN219200

父親の

見直される男親の子育て

Do Fathers Matter?

What Science Is Telling Us About the Parent We've Overlooked

Paul Raeburn

白揚社

父が亡くなりこの世の光を見られなくなった六ヶ月後にわたしは生まれ、その光を見ることになった。
父がわたしの姿を一度も目にしなかったことを思うと、今でも何だか不思議な気持ちになる。

——チャールズ・ディケンズ『デイヴィッド・コパフィールド』

とても素敵なコンビだった父と母に
そしてエリザベスと、私のすべての子供たちに

父親の科学◎目次

目次

目　次

はじめに　屋根裏のがらくたを一掃する

私が父親の子育てに興味を抱いたきっかけは、ごくありきたりなもの――子供ができたことだった。一九八〇年代に最初の結婚をして三人の子供（息子二人と娘一人）をもうけた。彼らは成人し、それなりにうまくやっているようだ。一〇年ほど前には今の妻であるエリザベスと再婚し、さらに二人の男の子を授かった。友人たちからは、父親も二回目となると違うものかねとよく訊かれた。その質問に私は嘘で返した。「そうだね、一度目は失敗ばかりだったけど……、今度はうまくやってるよ」。最初の結婚で生まれた子供たちは、前半の部分には頷いても、後半については首をかしげることだろう。

本当のことを言えば、二度目の子育てにあたって、一度目のときよりも心の準備ができていたわけでは決してない。子育てが、少なくとも自分にとっては、うまくいくときもあれば失敗するときもあるものなのだと気づくまでに、それほど時間はかからなかった。というのも、私は自分がまた過ちを犯すのを何度も目撃したからだ――時には一度目と同じ過ちさえも。

最初の子育ては概ね自分の本能に従って行動していた。愛情と気配りで乗り切れるという自信があった。当時、私の担当編集者に無骨な新聞社の人間がいた。もじゃもじゃの白髪頭によれよれのスーツ、ネクタイをだらしなくしめ、昼時にマティーニを三杯あおるようなタイプだ。その彼が、一番大事なのは愛していると子供たちに伝えること、そして彼らと一緒に過ごすことだと言った。私はそのとおり実践した。まずいアドバイスだったとは思わない。ただやがて、それだけではまったく不十分だと気づかされることになる。

二度目の子育てで、疑問はかえって増すばかりだった。正直な話、父親が子供に対してやれることとは何なのだろうか？　父親の重要性は？　逆に子供が父親に与えてくれるものとは？　いま挙げた質問は取りも直さず、件（くだん）の編集者も含め、自分としては子育てについてわかっていると思っている人たちに向けたものだ。私たちの親は子育てをわかっているつもりだから、わが子が子供を育てる段になって犯す数々の間違いを指摘することを何より楽しみにしている。教師、友人、会社の同僚なども子育てについては一家言もっている人が多く、私たちが助言を求めようと求めまいと、進んでそれを教えようとしてくる。私と同じニューヨーク市にお住まいの方なら、見ず知らずの通行人ですら、こんな空模様で赤ちゃんを外出させるのは良くないとか、赤ん坊が風邪を引かないように傘を持ち歩くべきだった、などと平気で言ってくるはずだ（傘をさすことと風邪を引くこととの相関は科学的な命題であり、それはまた別な本で検証していきたい）。

こうしたことは、まわりの友人や知り合いだけでなく、セレブリティや大衆文化にも見受けられる。たとえばニューヨーク・ヤンキースのアレックス・ロドリゲスは、身体能力を向上させる違法薬物の使用で出場停止処分を受けたときに、自分がこうなったのは父親の育児放棄のせいだと述べた。[1]「深い疎外感、喪失感を味わわせるような出来事が、九歳の彼の身に降りかかった。父親が蒸発したのだ」とジョージ・ベクシーはニューヨーク・タイムズ紙に記している。「これは、大人の現実に巻き込まれてしまった一人の人間を説明するための通俗心理学ではない。彼自身の理論である」

知っていること、知っていると思っていること

もちろん、ロドリゲスが述べたことは通俗心理学でしかなく、その正しさは善意の友人や家族が教えてくれる知識以上のものではない。私たちも多くの場合そうなのだが、ロドリゲスもまた、父親の不在が自分にどんな影響を及ぼしたかを知っていると思い込んでいるし、それがどうやって選手生命を危機にさらすような不正薬物に手を染めさせるに至ったのかもわかったつもりでいる。だが、ロドリゲスには私見を述べる権利があるとはいえ、何が真実なのかを本当に知っているとは限らない。私たちの多くは、自分が成長していく上で父親がどれだけ手を差し伸べてくれたか、もしくは悪影響を及ぼしたかについて、それぞれ独自の意見をもっている。しかし、あれほどの経験をしたロドリゲスですら、自分の意見が正しいのかどうかに確信をもつことはできない。そしてこれこそが、私が本書で誤りを正したいと思っているものだ。私はプロの科学記者として、自分たちが真実だと思っていることではなく、真実だと知っていることに興味を惹かれる。私がこれまで取り組んできたジャーナリストとしての仕事の多くにも、次のような一つの目的があった――ステレオタイプや半面だけの真理を、科学者が真実であるとお墨付きを与えたアイデアに置き換えることである。二度目の父親業に専念するとき、いま述べたような目的を、父親に関する世間一般の考え方に厳密に当てはめてみるべきではないかと私は考えた。そうして自分が父親と子育てについて何を知っているかを考えていくにつれ、次から次へと疑問が湧いて

きた。子供と深い絆を結ぶのは母親に限られるのか？　父親はわが子の言語習得に寄与しているのか？　父親は子供の学校生活にどんな影響を及ぼすのか？　思春期を迎えたティーンエイジャーに父親が与える影響は？　はたまた、ニュース報道で見られるように、年齢のいった父親から生まれる子供は何らかのリスクを負うのか？

こうした問題に関して私たちが知っていると思い込んでいることの多くは誤解に基づいている。私たちはとっくの昔に、屋根裏をきれいにして、それら俗説の山を一掃し、父親と子供と家族について研究者たちが知り得たものにじっくりと目を向けるべきだったのだ。簡単に言ってしまえば、父親は子供の人生に非常に大きな影響を及ぼす。しかも、偉い学者も育児の専門家も見落としてきた方法で、それを行うのである。

父親ができることは「たいしてない」？

一九六〇年代から七〇年代にかけて女性の社会進出が目立つようになるまで、父親は長い間、一家の中で重要な（しばしば見落とされる）役割を担ってきた。つまり、家族が雨露をしのぎ、食べていけるだけのお金を稼ぎ、さらに子供たちのダンスレッスンやリトルリーグのユニフォーム代、自転車といった、生活費以外の面倒も見てきたのである。給与を持ち帰るのは、子育てにおいて親ができる最善の行為ではないかもしれないが、きわめて大切なことではある。貧困ほど子供の人生を悲惨にするものはない。子供に食事と住む家を与え、貧困とは無縁であることが重要なのだ。

でも、それだけなのか？　父親として、わが子の人生にもっと寄与できることが他にもあるのではないか？

つい一世代前の一九七〇年代には、この問いに対する心理学者や「専門家」諸氏の答えは、実にあっさりしたものだった——たいしてない、と答えたのだ。なかでも、育児に関して父親が果たす役割は、ほとんど、もしくはまったくないと思われていた。一九七六年、新進気鋭の心理学者であり、父親研究の先駆けとも言えるマイケル・ラムは、自身の考えを以下のように述べた。幼児の成長過程で母親の役割ばかりが重視されたがために、あたかも「幼児が社会とつながりをもつ上で、父親の存在はまったく必要ではない」というイメージが出来上がった[2]。また、何十年もの間、心理学者たちは「母子の関係こそが唯一無二であり、その時期あるいはそれ以降に出会うどんな人間関係よりも、はるかに重要である」としてきたという。自分を育て守ってくれる大人に対して愛着をもつことは、子供たちに進化上の利点を与えてきたと考えられている。専門家たちによると、かのダーウィンも、母親の存在のみを重んじるこの説を支持したようだ。ダーウィンがそう言ったなら、いったい誰が異を唱えられようか？

男親が子供の発育に関係ないことを裏づける証拠はあまりない。かといって、重要性を示すデータがあるわけでもなかった。疑問の声はほとんど上がらず、ゆえに答えもまったく出てこなかった。父親が育児に無関係であることは、研究者の間では一つの信仰箇条となっていたのだ。わかりきっているとされていることに、いまさら疑問を投げかける者が誰一人いなかったのは、当然と言えるかもしれない。

ラムはこうした通説に対して異議を唱えた先駆者だった。新しい研究結果が出て、母親と乳児の結びつきはこれまで考えられてきたほど強くないとか、母子が一緒に過ごす時間の長さは両者の良好な関係を築く優れた因子ではないといったことを示唆するようになってきた。ついには、思い切って違った角度から研究を行い、「少なくとも一部の乳児にとって、父親との交流は楽しいものであり、両者にたいへん好ましい心的影響を与えるという特徴をもつ」と結論づけた研究者も少数だが現れた[3]。専門誌上でこうした知見が見受けられるようになったのは、私の長男が生まれるほんの数年前のことだ。子供が生まれた頃なら、私は専門家たちをたやすく納得させることができただろう。そのとおりです。父親と遊ぶのが楽しいと思う乳児はいるんです、二人の間にはきわめて良好な感情が芽生えていることに気づきますよ、と。

私が息子と過ごした経験が、当時の心理学界を支配していた学説を覆す証明となりえた、などと言うつもりは毛頭ない。だが、こうも思う。専門家の先生方には子供がいなかったのだろうか？　道端で、スーパーマーケットで、父親が赤ちゃん言葉で話しかけたり、笑いかけたり、ともかく人目もはばからずに赤ん坊の笑顔を引き出そうとしている姿を見たことがなかったのか？　専門家の方々だって、父親として同じ経験をしてきたのではないか？

ようやくその頃になって、ラムをはじめとする研究者たちは、子供が遊ぶときには父親が重要であることに気づき始めた。今では広く知られていることだが、父親は幼い子供がよくやる「取っ組み合いごっこ」に好んで付き合う。これは父親と乳幼児の関係についての最初の重要な洞察であり、ラムによって世に出たものだ。こうした初期の研究のなかに、母親に比べて父親は、乳児に行動を促したり、身体を使わせたりする傾向が強いとするものもあった。母親は就学前の子供とおもちゃで遊びたがるのに対し、父親は床の上で体を使ってじゃれ合うのを好む。またラムの研究からは、乳児は実は父親の方に抱っこされたがっていることも明らかになった――というのも、母親はご飯を食べさせたり、おむつを取り替えたりといった役割を担いがちな一方、父親は子供との遊びを担当する傾向にあるからだ。二歳児は、遊びたいと思ったときに母親よりも父親の姿をさがす。子供の年齢がいくつであっても、遊んだり、じゃれ合ったり、ともかく身体を動かすことは、父親が寄与できる代表的な子育てなのである。

時を同じくして研究者は、乳児が父親だけにとどまらず、親類、あるいは両親の友人たちとも関係を築いていることに気づき始めるが、それは十分うなずけるものだった。これに関してラムは、人類学者のマーガレット・ミードが一九六二年に発表した研究結果を引用して、次のように述べている。父親以外の存在（母親も含む）に対する愛着は、「生存にとって明らかな価値」をもっている、「なぜならそれは、親を失ったときの保険となるから」だ[4]。

男親は妻の妊娠に対して冷ややかな態度をとることがままあり、生まれてきた赤ん坊とのやりとりも限定的だという説は、多くの研究者が主張してきたものだ。しかし、七〇年代半ばになると、父親は保護者となることに心躍らせ、赤ん坊と一緒に過ごすことに関心を抱いていると結論する研究も出てきた[5]。蒸し返すようだが、これも私たちからすればごく当たり前、もし彼らが研究室を一歩出て、病院の産科病棟に足を運んでみれば一目瞭然だったろう。かといって、病院自体がそのことをわかっていたかは疑わしい。というのも、当時は、出産時に父親が関わりをもつ機会はほとんど与えられていなかったからだ。

本来、父親に対する認識を変える旗振り役となるべき心理学者や他の社会科学者は、反対に父親の役割など取るに足らないものとしてきた。子供の面倒の大部分を見る母親の方が、父親よりもずっと大事なのは当然だと、多くの研究者が信じていたのである。こうした支配的な見方は父親の立場を厳しいものにした。家計を支えることを除けばあまり意味がないと繰り返し言われ続ければ、父親が胸を張って自分の重要性を主張するなど無理な話だろう。

軽視される父親の役割

かつて、いや今でも科学的な研究分野において父親が軽視されがちなことは、記録が証明している。私の言っていることが正しいかどうか、実際にちょっと試してみるといい。アメリカ国立医学図書館の蔵書目録を閲覧できるPub Medというウェブサイトに入って「母親」と打ち込んでみると、研究論文がたくさん出てくるはずだ。今度は「父親」でやってみてほしい。前回私がこのウェブサイトで「母親」で検索したときは、九万七九三四件ヒットした。対して「父親」では一万五一五六件、六分の一以下だった。何度やっても、結果にそれほどの違いはなかった。「母性」だと二七万九五一九件、「父性」はその一〇分の一以下だ。家庭内での父親の役割について考えるとき、私たちはつい最近まで、真に理解するというよりも、思いつきや直観、思い込みや誤った情報に頼ってきたのである。

母親研究と父親研究の格差を指摘した研究者もいる。二〇〇五年、南フロリダ大学の心理学者ヴィッキー・フェアズは、心理学の権威あるジャーナルに掲載された、児童および青少年の心理に関する五一四件の研究報告を検証した。すると、そのうち半数近くが父親についてはまったく触れていないことがわかった。なかには父親と母親の双方に言及しているものもあったが、父親だけに焦点を絞っていたのはわずか一一％にすぎなかった。

私も調べてみたが、すぐにフェアズが見つけたのと同じような例にいくつか出くわした。たとえば、二〇〇六年、コロンビア大学の著名な疫学者マーナ・ワイスマンは、うつ病の母親を治療することで、その子供が不安症やうつになる危険性を減らす効果があるかを検証した論文を発表した[6]。実際、母親に対する治療は子供のメンタルヘルスを向上させたが、この研究には父親に関するデータは一切含まれていない。温情と理解力のある父親の関与があれば、子供はもっと良くなったのではないか？　反対に、冷酷で無関心な父親の場合には悪い方向に進んでいたのでは？　両親と新生児の関係性について調べている別の研究者は、乳児といるときの母親のふるまいや活動をつぶさに記録した。だが、母親が乳児を父親に任せてしまうと、「赤ん坊は父親のもとへ」と書いて、ノートを閉じてしまった。そこで調査は終了というわけだ[7]。また、二〇〇五年に児童発達研究学会（ＳＲＣＤ）が主催した会合では、何百人もの学者が、子供、家族、子育てに関する研究結果を披露したが、そのなかで父親を中心に扱ったものはせいぜい一〇件程度だった。そうした研究の発表者たちは、ほぼ例外なく、父親に関する研究が少ないと指摘するところから発表を始めていた。

イエール大学の精神科医カイル・プルエットは、一九八〇年代から父親について研究してきた。プルエットによると、注意欠陥障害、自閉症、小児うつ、青少年の自殺といった深刻な問題に関する研究の対象として父親が含まれていた場合でも、父親が問題解決の一翼を担う可能性を示唆したものは、ほぼなかったという[8]。「父親の影響力についてあれこれリサーチすると、いつも気づかされることがある。父子間で及ぼし合う影響力に目を向けないことで、児童の発達に関連するあらゆる分野（また、そこから生まれる育児本のベストセラー）において、近視眼的で恐ろしく歪んだ見方、盲点だらけの視点が作り出されているということだ」。彼が列挙したベストセラー本のなかには、スポック博士、T・ベリー・ブラゼルトン、ペネロペ・リーチの著作も含まれていた。プルエットはまた、そうした分野の本は次第に「父親に目を向けるように」なってきているが、「本音のところでは、母と子の聖なる絆という、従来の誘惑から解き放たれることはなかった」と指摘している。このように、父親に対する拒絶反応は、これ以上ないほど明瞭に示されていた。だが、多くの研究者がその問題に気づき、指摘し始めたことで、改善の兆しも見えてきた。

まぬけで愚かなお父さん

父親を無視するこうした傾向は、不正確で、否定的で、不親切なイメージを根づかせる原因となった[9]。歴史学者のエリザベス・プレックとジョゼフ・プレック夫妻は、一九二〇年代初頭にサタデー・イブニング・ポスト紙に掲載された漫画を例に挙げている。そこには「自分の子供の扱い方もしつけもわからない。料理も作れず、子供を寝かしつけようとすれば、靴ひもに足を引っ掛けて、けつまずく」のろまな愚か者として、父親が描かれている。だが、それはほんの序の口にすぎない――子供の宿題を見るのを忘れたとか、ミートローフを焦げつかせたといった些細なことよりも、辛辣な非難の目にさらされるようになったのだ。たとえば、一部の社会評論家たちは、父親は国家の安全を脅かしているとして非難した。評論家たちは、第二次大戦中に軍の体力検査で多くの若者が不合格とされたのはゆゆしき問題であり、その原因は、心配性の母親、そして父親の不在にあるとした。つまり、彼らのせいで、戦うには軟弱で臆病な若者が生まれたと論じたのである。一方、この父親バッシングが当てはまらない例もあった。「コズビー・ショー」と「パパは何でも知っている」といったテレビ番組、映画「アラバマ物語」のアティカス・フィンチ、「クリスマス・キャロル」のボブ・クラチットなどがそうだ。だが、それはほんの一握りにすぎない。

サタデー・イブニング・ポスト紙の漫画からほぼ一世紀が経過した今日も、まぬけで愚かな父親像というステレオタイプは根強く残っている。二〇一二年、おむつメーカーのハギーズは、自社製品が競合他社に比べて丈夫かどうかを調べる検証仕立ての広告キャンペーンを行ったが、そのコピーは、「パパにハギーズのおむつを試験してもらおう!」というものだった。不器用な父親の手にかかって耐えられるハギーズのおむつなら、どんな扱い方をしても大丈夫というわけだ。また、同年に開催された夏季オリンピックの期間中、P&G社は有名オリンピック選手の幼年時代を振り返るシリーズ広告を展開。そのキャッチコピーは「ありがとう、ママ」だった。父親の果たす役割の方が重要だという固定観念が根強いスポーツの世界でさえも、そのことが忘れられているのだ。

より近いところでは、二〇一三年六月、家庭用品メーカーのクロロックス社が自社のウェブサイトに投稿した、こんな記事がある。「新米パパは犬のようなペットと同じ。純粋無垢な心の持ち主だけど、的確な判断や繊細な扱いが苦手で、何をやってもへまばかり[10]」。この記事はさらに、父親が犯す過ちとして、底冷えする雨模様の日に子供たちに夏服を着せて連れ出す、床の上でご飯を食べさせる、テレビのリアリティ番組に釘づけにさせる、などを挙げた。すると、男親たちから怒りの書き込みが殺到、慌てて記事を削除する事態となった。クロロックス社にしてみれば、消費者を笑わせようとしただけで、怒らせるつもりなどまったくなかったはずだ。でも、このジョークは通じなかった。こうした偏見に対しては、今や多くの父親がすばやく異を唱えるようになったので、広告を出す側も違う手段を模索しているようだ。

本書の構成

父親に関する研究は、母親に比べてかなり遅れをとっているが、リサーチの数自体は急速に増えている。この後のページでは、父親研究のなかで最も重要な意味をもつと私が考えているものを、いくつかご紹介していこうと思う。幕開けとなる第1章は、進化的観点から見た父親の話である。私たちの先祖が先史時代にどのような家族生活を送っていたかを知ることで、現代の父親の役割をより深く理解できるようになるだろう。またそこでは、家族がどのように形成され、それがどうして父親を必要とするに至ったのかも学ぶことになる。第2章では、妊娠を機に始まる母親と父親の遺伝子間での主導権争いについて考える。

その後の数章では、子供の成長過程に沿って、その時々の父親のあり方を見ていくことにする。第3章は、妻が妊娠中の男性に起こる変化について書いている。第4章では、子供が生まれた直後の父親を考察する。また、人類が単婚（一夫一婦制）という道を選ぶまでの紆余曲折と、そのことが父親と母親にとってどのような重要性をもつかについても見ていく。続く第5章では、父親と乳児がこれまで考えられていたよりも、はるかに強固に結びついていることを例示し、第6章では、わが子がよちよち歩きを始め、やがて学校に通うようになる時期の父親を追う。第7章は、一〇代の子供と父親の関係に目を向けている。加えて、脳神経学的なアプローチで父親を検証し、子供の成長過程で生じる父親のホルモンバランスの変化に着目する。第8章では、高齢の父親についてまわるリスクを見ていくが、高齢の親の問題は、子育てと仕事の両立が求められる現代では、珍しいことではなくなってきている。第9章では、父親がしていること、つまり、子育てや家事にどう貢献しているのかを考える。最後にあとがきでは、私がこれまで学んできたものについてまとめ、考察を加える。それによって、私たちには学ぶべきことがまだあるということもわかるはずだ。

父親は重要か？

中立の立場で父親の価値について問うのが、自分にとって容易ではないことは認めよう。私はその問題に大きく関わっているのだから。もし父親が子育てにおいて無用の存在ならば、私は過去数十年にわたって自分の時間をむなしく使ってきたことになる。五人の子供に費やした数え切れないほどの時間、日数、年数をどぶに捨てたようなものだ――まったくの無駄。楽しくないわけではなかった。だが、それに意味がないのなら、少なくとも一日のうち大半を浪費してきたということだ。私が知る限り、子供たちもまた一緒の時間を楽しんでくれていたと思う。ただし、お定まりのアイルランド式ジョークを繰り返し聞かされた時間は例外かもしれないが……（ちなみにこのジョークは、典型的なアイルランド訛りで語るものだが、こうした誹りは私自身も受け継いでいるアイルランド文化、ひいてはその国そのものに対する侮辱であろう）。

父親の重要性を認め損ねてきたことが、アカデミックな論争以上に今日のアメリカの家族のあり方に跳ね返ってきている。父親の姿が消えつつあるのだ。アメリカで記録を取り始めて以来、現在ほど子供たちの暮らしに父親の関わりが希薄になったことはない。

しかしながら、心理学者、生物学者、社会学者、脳神経学者は、父親が示す数々の行為の理由——ひいては、なぜそれが子供にとって大切なのか——に関する、確かな科学的データをすでに入手し始めている。父親のふるまい、それが多種多様な面で子供に与える影響、家庭内での父親の役割を形成する諸要因について検証しているのだ。その過程で、研究者たちは、父親に対する様々なステレオタイプ、もしくは父親のやることはそうしたステレオタイプによって説明できるという考え方を捨て去ってきた。道徳の監視役、息子にとっての男らしさのシンボル、しつけに厳しい人といった父親像（こうしたイメージは広く受け入れられ、これまで何世代にもわたって育まれてきた）は、もう過去のものだ。今では研究者によって、父親が家庭で数多くの役目を果たしていることが明らかにされている。近年発表された論文では、そこには「仲間、保育者、配偶者、庇護者、お手本、道徳規範、師」、そしてもちろん、稼ぎ手も含まれると説明している[11]。

父親に対するこうした知見は、児童研究や家族研究の成果のうちでも、最も重要なものの一つである。だが、一般には馴染みのない学術専門誌上に掲載されたために、広く関心を集めることはなかった。不幸な話だ。私は、父親に関する新たな科学的発見を五年の歳月を費やして調査し、それらの発見が、自分が父親として子供たちに対してとった行動を考える上できわめて有効だと気づいた。そしてまた、これは読者のみなさんにとっても役に立つことだと確信している。

父性――父親であることの意義や父親が子供にできること――がテーマになると、一般の討論でも政治的な討論の場でも侃々諤々（かんかんがくがく）と意見が飛び交い、収拾のつかぬ騒ぎで終わってしまう場合が多い。「お互い真っ向から意見がぶつかるとはいえ、父親不要論を唱える一派と父親を万能の存在と崇める一派は、ある一点で共通している。[12] 双方とも、実際の科学的な研究結果よりも政治的な立場から意見を述べているという点だ」。父親研究の権威ロス・パークと共同研究者のアーミン・ブロットはこう記している。「政治家は選挙区で優勢な意見に合うように自分の態度を変えるのに対し、アカデミックな研究者たちは、自分たちの研究結果において、ここ二〇年ほぼ全員一致した意見を持ち続けてきた。すなわち、父親は重要である。しかも非常に重要だというのだ」

このことは、旧来とは異なる家族形態、たとえばシングルペアレント、ゲイカップル、養子縁組した家族にとって、どのような意味をもつだろうか？　本書に取り掛かり始めた頃、作家協会の会合で、養子縁組をしたシングルマザーの友人に偶然出くわした。彼女から今やっている仕事を聞かれたので、私は本書のタイトル――*Do Fathers Matter?*〔『父親は重要か？』〕――を教えた。すると、彼女はすかさず答えた、「重要なわけないじゃない」。冗談を言っているのかと一瞬思ったが、そうではないようだ。そこで私は、子育てにおいて父親は重要だが他の人でもその役目を果たせること、私が彼女の選択にケチをつけるつもりはないことを急いで説明した。私自身、一人の親としてこれまで何度も過ちを犯してきたし、他人をどこかの立場から批判しようなどという気は毛頭ない。私は他人の選択を尊重しているし、ごくわずかな例外はあるにせよ、それらを信頼してもいる。私たちはみな、子供にとって最善と思えることをしているのだから。この点において、私たちは誰も変わらない。そして父親に関する新しい研究成果は、どんな形態の家族にとっても役に立つはずだ。

私が子供の頃は、今よりも政治家が尊敬を集めていた時代だが、親がわが子に向かって、自分がなりたいと思えば大統領にだってなれると言っても、おかしいと思う人は誰もいなかった。だが現在の私たちは、その言葉がとても大げさなものであるのを知っている――人種的および経済的な格差によって依然として引き裂かれ、それによって一握りの人間だけがやすやすと成功する社会に私たちは生きているからだ。一方で、シングルマザーに育てられ、父親の記憶がほとんどないアフリカ系アメリカ人の子供が大統領の座まで駆け上ったのもまた事実である。科学的な証拠は、父親が子供に対し、いろいろな面で重要かつ独特な寄与をしていることを示している。しかしながら、父親がいない家庭で育った子供が失敗する運命にあるとか、あるいはそれに類することは、決して示されてなどいない。「我々は女手一つで子育てしようと頑張る母親たちに手を差し伸べる必要がある。朝、わが子を学校に送り届け、午後にピックアップしてから、別なシフト勤務をこなし、夕食の支度をし、昼食を用意し、月々の支払いを済ませ、家の修繕までする……本来は夫婦が力を合わせてやる家事を一人でやってのける、母親たちに手を差し伸べるべきなのだ[13]」。バラク・オバマは、最初の大統領選での遊説中にこう言っている。「彼女たちは称賛に値する仕事をこなしている。だが、サポートが必要だ。それはつまり、別な保護者ということである。それによって女性たちの生活基盤は強固なものとなり、それはすなわち我が国の基盤を強化することでもある」

子供はかけがえのない存在だと、しばしば言われる。だが、よく耳にするこの信念は、私たちの個人的および社会的な優先順位とは必ずしも一致していないようだ。本書は父親をテーマとしているが、それと同じく重要なことに、子供についての本でもある。私たちの子供がみな実りある人生を送っていける、そんな未来を描くとしたら、父親の役割を蔑ろにするのは愚の骨頂だろう。父親の役割をもっと真剣に考えることが家族の絆を深め、母親を助け、平等を促進し、子供たちの輝かしい未来を創出する。それこそが本当にかけがえのないことなのだ。

1　父親のルーツ——ピグミー、キンカチョウ、飢饉

子供の誕生を控えた父親のなかには、妻やパートナーと協力して、子供部屋の準備をしたり、壁を塗り替えたり、ベビーベッドを買いに行ったりする人がいるかもしれない。お金が足りない父親候補であれば、ＩＫＥＡの本箱を妻と一緒に組み立てる場合もあるだろう——二一世紀の世界でよく見られるようになった、二人の絆を深める通過儀礼だ。こうした活動が男性の父親意識を高めていくのは事実だが、男性が親になる準備の多くは、実はずっと前に完了している。そこには少なくとも三つの力が働いている。一つめは自然淘汰であり、父性が十分に機能するように男性を方向づけしてきたものだ。二つめは家族から受け継いだ遺伝的要素であり、これによって父親たちは他の誰とも違った父親になる。そして最後は、その人の環境における食べ物や有害物質などだ。現在では、こうした力について、それがどのように父親を方向づけるかだけでなく、それが時にうまく働かない理由や仕組みも解明されつつある。

ウミガメの子育て、ティティの子育て

先日、南フロリダの静かな夏の夜に、私はある体験がきっかけで、人間の父親がいかに特異で大切な存在であるかをはっきりと思い知らされることになった。科学者たちがウミガメの産卵の様子を観察するのに同行したときのことである。私たちの目前で、メスのアオウミガメが波打ち際から少し入った砂浜に深い穴を掘り、数にして一五〇個ほど、ピンポン球サイズの卵を産み落とした。それからウミガメは、後ろ足でリズミカルにぱたぱたと砂を蹴って卵を隠し、海へと戻っていった。子ガメたちは、親の助けを一切借りずに自ら殻を破って外に出て、海と食べ物を探し出し、成長していくことになる。

卵を産み落とすとき、そのウミガメは他の母ガメがそうするように、目から透明な液体を流した。言い伝えによると、自分が決して知ることのない子たちのことを思って涙を流しているのだという。私たちは心を動かされ、じっと砂浜に立ち尽くしその様子を見つめていた。しかし、その分泌物は涙ではない――体内にたまった余分な塩分を排出しているにすぎないのだ。ワニもまた偽りの涙を流すが、装われた悲しみのことを「ワニの涙」と表現するのは、ここから来ている。

実際には、そのウミガメは未練など感じていない。四肢を上手に使って穴を掘り、卵を砂で隠すという行為が、母ガメの子育てのすべてなのだ。同じ話は他の種にも当てはまる。卵はほったらかしにされ、殻から出てきた赤ちゃんたちは自分の未来に向かって自由に歩んでいく。繁殖に際してこうした戦略をとる母親は、しばしば大量の卵を産むが、それは生存という圧倒的に不利な賭け率に立ち向かうためである。このような母親の役割は取るに足らないものと思われるかもしれないが、父ガメの貢献はさらに

ずっと小さい。というのも、父ガメは交尾時にいっとき役目を負うほかは、この本能的な儀式にほとんど何の役割も果たさないからだ。

哺乳類の母親の場合、状況は違っている（父親に関してはそれほど変わらないが）。卵の殻から這い出た瞬間から自力で腹を満たし、生き抜いていこうとするウミガメの赤ちゃんとは違い、恒温・脊椎動物である哺乳類は、トガリネズミから人類に至るまで、母親の乳という準備万端の栄養源をもっているからだ。だが、このお膳立てには支払うべき代償がある。哺乳類の子は成熟するまでに時間がかかる場合が多く、栄養の投資によって母親は新たに子を産む機会から一定期間遠ざけられてしまう。そしてウミガメと同じように、大半の哺乳類の母親もまた、オスからの助けをほとんど、あるいはまったく必要としていない。

とはいえ、哺乳類でもオスが子育てに参加するものが五〜一〇％おり、その場合の家族間の取り決めは劇的に違ったものとなる。たとえば、ティティモンキーとヨザルは単婚（一夫一婦型）で、動物界でも屈指の献身的な父親とされている[1]。そうしたサルたちとっての当たり前は、人間の父親がとうてい真似できないものだ。ティティのオスは子に食事を与え、一日中メスの後について回る。そうすれば、赤ん坊が乳を飲んでいないときには、自分の背中に乗せて移動できるからだ。生まれてから一週間が経つ頃には、母親が子に接するのは一日四、五回の授乳に限られてくる。父親は一日の九〇％の時間を赤ん坊を背負って行動することになり、それがもとで体重が減るケースも多い。だがその代わり、赤ちゃんザルは父親に強い愛着をもつ——複数の実験からは、母親よりも父親になつく傾向があることが明らかになっている。実際ティティは、母親よりも父親から引き離されたときの方が落ち着きを失う。父親から引き離された赤ん坊は、母親から引き離されたときよりも、きいきい泣きわめき、ストレスホルモンが一気に増加するのだ。それでもティティのオスは、子の母親だからなのか、あるいは純粋な愛情からなのか、自分のパートナーを追い払うことはまずない。

家族はいつ頃登場したか？

人間の父親は、自分の子供やパートナーに対して同じような献身ぶりを見せることはないかもしれない。[2]少なくとも、子供に食事を与えたり、抱っこしたりする時間を見れば、そう言えるだろう。だが実は、人間ほど父親が育児に熱心に取り組む哺乳類はいない。父親が子育てに手を貸さない社会など地球上のどこにも存在しないのだ。確かに、子育てが得意な男性もいれば、他の女性に目移りしたせいで（あるいは第三者には決して知り得ぬ理由で）家庭を捨てる男性もいる。しかしたいていの人間の男親は、少なくとも食料は調達する。

過去数百万年を振り返り、父親のあり方がどう進化してきたか――今と同じように子供に投資してきたのか、あるいは、そのありようも長年かけて変わってきたのか――をたどるのは、心躍るものがある。太古の昔、私たちの祖先の男性たちは、向こう数年間にわたって多くの手助けを必要とする子供のために、時間、労力、資源をつぎ込んでいたのだろうか？　はたまた、協力的な女性を次々に探して、どんどん子供を産んでもらうことで、子孫を残す可能性を高めようとしたのだろうか？　もしそうだとしたら、そのやり方はいつ、どんな理由で廃（すた）れてしまったのか？

こうした問いの答えが見つかることは、おそらくないだろう。そもそも、人類の進化において男と女が関係を築き始めたのがいつ頃なのかも、正確にはわかっていないのだ。ただし、考古学者や古生物学者が先史時代の遺物をつぶさに調べたことで、いくつかのヒントは見つかっている。[3] たとえば、四〇〇万～一〇〇万年前に存在した最初期の人類、アウストラロピテクスには、男が食料を調達したり、乳児の世話をしたり、外敵から身を守ったりするなど、複雑な男女の関係があったという。

長期にわたる男女関係が見られるようになったのは、一五〇万年前に登場したホモ・エレクトゥスからのようだ。そのとき両親と子供たちが一つの場所で寝起きするようになることで、子供は父親のやることを見よう見まねで覚え、父親はわが子を守ることが可能になった。およそ一二万年前、後期更新世に入った頃から、男は大きな獲物を狩るようになり、しばしば一人が複数の妻をもった。そうした集団は、狩りが終わった後は、同じ集落で多くの時間を過ごし、父親と子供が触れ合う機会も増えていった。時代が下るにつれ、より複雑な技術や芸術形式が生まれていったが、男親はそうした文化を子供に伝える役割を果たしていたことがわかっている。状況が大きく変わったのは、今から約一万二〇〇〇年前、氷河期の末期のことだ。採集と原始農業が生存戦略の一部となり、女性も植物を収集するなど、食料面における分担が大きくなっていったのである。また一夫一婦制がより一般的になり、男親は狩りのたびに長期間集落を離れることもなくなったので、子供たちの面倒を見る時間が増え、より関係が深まっていった。

ヒトの脳は過去二〇〇万年にわたって大きくなり続けてきた。専門家のなかには、父親が子供に深く関わるようになったことをその理由の一つに挙げている者も多いが、[4] 実際には、理由は明確にはわかっていない。どちらにせよ、人類の祖先が大きな集団で暮らし始めたときに社会的知性の必要が生じて、そうなったものと思われる。脳が大きく膨らんだことで、乳児は頭がぐらぐらするようになり、その重さで転倒する危険性が生じた。また、未発達の段階で生まれる必要もあった。もし赤ん坊が母親の子宮内にとどまり続けていたら、頭が大きくなりすぎて産道につかえてしまうからだ。そうなれば、私たちの進化の道も行き詰まっていたことだろう。

一方で、早く生まれることの代償もあった。[5] より手厚く世話をする必要が生じたのである。人間の子供は、生き抜いていくのに十分な食料を自分で見つけられるようになるまでに、他のどんな動物よりも時間がかかる。あなたが食事のカロリー計算を折に触れて気にするタイプであれば、この数字を見てほしい。一三〇〇万キロカロリー。[6] 一八歳で「栄養面での独り立ち」を果たすまでに、母乳であれシリアルであれ付け合せの豆であれ、それだけのものが消費されるのだ。母親だけではとても手に負えない。助けが必要だ。

太古の家庭生活をさぐる

人類の発達に関して知りたい事柄と、化石からわかることのギャップを埋めようとするとき、考古学者たちはしばしば、私たちの祖先と生活環境が似た社会に目を向ける。すなわち狩猟採集社会である。現存する狩猟採集民は今でも、人類進化の歴史を通して見られたような祖先の暮らしぶりと、ほぼ同じような生活をしている。農耕が始まったのはわずか一万年前、そして産業革命はもっと最近、ほんの数百年前のことだ。[7] それ以前の人類は狩猟採集を生業としており、したがって、今日の狩猟採集民を調べれば、農業や工業が発達する前の父親像についての知見を得られるに違いない。

現代の狩猟採集民のなかでも特に興味を惹かれるのが、コンゴ川流域の西部——アフリカの中心部とまでは言えないが、それに近いあたり——に暮らす集団だ。その地域は、全体的にエメラルドグリーンの森林に覆われているが、ところどころ白茶けたサバンナの大地がむき出しになり日射しにさらされている。ゴリラ、チンパンジー、アカカワイノシシ、数種類のサル、リス、ダイカーと呼ばれる小さなレイヨウが、森林に覆われた大地を動き回っている。ゾウやシタツンガ（大型のレイヨウ）は、川の流域にできた沼地のそばから離れようとしない。気温はほぼ安定しており、気候は多雨から少雨（乾季）の時期まである。

一見、熱帯の楽園のように思えるかもしれないが、実のところ暮らすには厳しい環境だ。狩りをしようにも、獲物は広大な土地に散在しているため、見つけるのにひどく骨が折れる。森林地域で植物を採集するのも楽ではない。多くが食用に適さないからだ。土壌も農耕にそれほど向いているわけではない。生態学者は、西コンゴを「ぎりぎりの生息環境（マージナル・ハビタット）」と呼んでいるほどだ。だが、生活ができないわけではない。実際、いくつかの集団が暮らしており、そのうちの一つがアカ・ピグミーである。アカにとって、この土地は家であり、祖先の時代から現在に至るまでの長い間、ずっと生活の場であり続けてきた。したがって彼らは、この地で生き残り、繁栄していく術を身につけている。

アカは狩猟や採集に網を用いるが、そのおかげで安定して食料を確保でき、時間的なゆとりも得られる。[8] 傍から見れば、ずいぶんのんびりした暮らしと言いたくなる人もいるかもしれない。狩りに出るとき、男たちは手伝いのために自分の家族を一緒に連れていく。妻たちは単なる同伴というわけではない。獲物を追い立てて、夫がしかけた網の罠に誘い込む手伝いをするのだ。もちろん、託児所があるわけではないので、子供たちもついていく。狩りを効率よく行うために、一家はいつも一緒にいる。だから、アカの男たちは子供といる時間を思う存分もつことができる。

アカによる大人中心の子育て

ワシントン州立大学バンクーバー校の人類学者、バリー・ヒューレットがアカの研究を始めたのは一九七三年のことだ。当初は特に父親に注目していたわけではなかったが、いったんアカの研究から離れ、アメリカにある児童発達関連機関でヘルスコーディネーターの職に就いたときに転機が訪れる。彼はそこで児童発達に関する心理学の文献を調べ始め、そのおかげで、アカに独自の特徴が見られることに気づいたのだ。文献に書かれた西欧の父親の役割と行動は、ヒューレットがアフリカで見たものとまるっきり違っていた。彼は対象をアカの父親の行動に絞ることに決めて、一九八四年に現地へ戻った。その調査は今でも続いている。ヒューレットは現在、アカの集落に家をもち、毎年訪れては数週間から数ヶ月滞在する。また、父親のあり方について学んだことを実践する機会にも恵まれたようだ——彼は七人の子持ちなのである。

ヒューレットがいち早く発見したのは、アカの親たちはやはり西欧の親とは違っているということだった。観察をしていると、アカの乳児たちが始終誰かの腕に抱かれ、文字どおり肌を触れ合わせているのがわかった[9]（アカは基本的にシャツを着ないのである）。ヒューレットは次のように記している。両親も他人も「日がな一日乳児に話しかけ、一緒に遊び、愛情を示し、必要最低限の生きる術を伝えている」。乳児は「求めれば授乳してもらい、むずがったり、泣いたりしたときは、すぐにあやしてもらえる」。また、ヒューレットがやや不安げに報告するところによれば、アカの赤ん坊は一歳くらいで、山刀（マチエーテ）、先端の尖った穴掘り用の棒、鋭利な槍、切れ味鋭い小型の斧などの扱い方を教わるという。幼いうちから責任を与えられ、親が使う道具の扱い方を学ぶのは立派なことだ。しかしながら、アカを見習って一歳の赤ん坊に金属製の斧を与えたいと思う人は、なかなかいないだろう。

子供を注意深く見守り、常に触れ合っていながらも、アカの家族は、アメリカ人のように子供を中心に回っているわけではない。「アメリカでは、大人同士で話をしている最中に子供が邪魔しても、親が叱ることがない。むしろ、『お腹がすいたの？』などと、子供の要求に合わせようとする」。ヒューレットの言う「子供中心家族」である。

アカの社会はまったく逆で、大人が中心だ。「男親は自分のことをしているときには、その手を休めてまで子供たちに格別な注意を払うわけではない。他人と話をしたり、太鼓を叩いたりしているときに、抱っこしている赤ん坊がむずかったり、うんちやおしっこをしたりすると、優しくあやしながら、あるいは近くにある葉っぱでお尻を拭きながらも、作業の手を休めることはない[10]」。アカの父親が赤ん坊を抱っこしたり、自分のすぐ手の届く範囲内に置いている時間は、一日の四七％になるという[11]。ヒューレットによれば、赤ん坊はしょっちゅう父親のもとへと這い寄り、抱っこされる。そもそも父親は赤ん坊といるのが楽しいのだ。赤ん坊は父親が夜の外出するときにも一緒であり、ヒューレットは、男たちが野外に集まってヤシ酒を楽しむときにも、自分の子供を連れていくところを目撃している[12]（アメリカ人の父親が、背中にわが子を背負ってバーに飲みに出かけるさまを想像してみてほしい）。

ヒューレットは、ヨポという父親のある朝の様子を観察している[13]。ヨポは生後八ヶ月の息子マンダと同じ寝床にいて、妻は集落のために水を汲みに出かけていた。父親はわが子を膝の上に乗せると、子供のためにハミングをする。一方、息子は寝床の小枝に手を伸ばすと、それをいじって遊び出す。ヨポはマンダを胸に抱えながら、狩りをしているときのように歌をうたう。首にしがみついたマンダの頭の上に葉っぱを乗せる。すると、マンダはきゃっきゃっと嬉しそうな声を上げる。結局、ヨポは妻が戻ってきてからも、およそ一時間にわたって息子を抱っこし、歌を口ずさんでいた。また、別の家族ではこんなこともあった。生後一五ヶ月の息子が住居の近くで排便をしたことに両親が気づく。父親の方が作業の手——網に使う糸を縒（よ）っていた——を休め、ひとつかみの葉っぱを使って息子の身体と地面をきれいに拭き取る。それから腰をおろすとまた糸づくりに戻った。息子は父親のもとに歩み寄って手を膝の上に置き、その仕事をおとなしく見つめていた。

子供といる時間の質と量

ヒューレットの発見のなかでも特に興味深いのは、アカの父親は日が暮れてからも子供の面倒をよく見るというものだ[14]。夜は、フィールドワーク中の人類学者の目があまり向かない時間帯である。現地を訪れる研究者たちが観察を行うのは、通常は都合が良い時間、つまり昼間で、そうなると父親が夜間に何をしているかを見逃すことになる。あまりにも多くの人類学者が、父親は夜に子供の世話をほとんどしないと結論づけているが、それは自分たちがその場に居合わせていないからだ。これは狩猟採集民に限った話ではない。夜間の父親の行動に関する説明がないことが、先進工業国においても研究の弊害となってきたのである。「どの文化圏でも赤ん坊は夜に頻繁に目を覚ます。私の印象では、そのときに子供の面倒を見るのは父親であることが多い」とヒューレットは記している。心理学者たちは普通、子供が生まれたばかりの家庭内に入り込んで研究をすることがないので、ヒューレットの印象を確かめる機会を見逃しがちだ。実際に行動を目にしないからこそ、父親の役割について多くを知らず、最後には「父親はあまり行動しない」と結論づけてしまう。

ヒューレットの観察によると、アカの父親が子供を抱っこする時間は、日中では九％だが、夜間には二〇％に達するという。ただしこれは、子供と触れ合うことだけを目的とした、いわゆる「クオリティ・タイム」ではない。アカの父親は、子供を腕に抱きながら別の作業をしていることが多い。だが、父と子が多くの時間を共に過ごすことで、その関係性は著しく緊密なものになる。「なぜなら、父親は自分の子供のことを誰よりも知るようになるからだ」とヒューレットは言う。

アメリカ人の父親にとって、クオリティ・タイムとはしばしば、わが子と遊ぶ時間のことを指す。一方、アカの父親は子供とそれほど遊ばない。「なぜならば、それとは別なやり方で自分の愛情や関心を伝えられるからだ。……彼らは、子供と交流するもっとさりげない方法を知っているのである[15]」。アカの子育てでは、クオリティ・タイムならぬ「クオンティティ・タイム」とでも呼ぶべきもの、つまり質ではなく量的な時間の大切さを示している。子供たちに始終注意を払うわけではなくとも、ただ一緒に過ごすことが重要なのだ。こうしたクオンティティ・タイムに根差した関係は、子供の情緒的な安定、自主性、自信につながる。

アカなどの非西欧社会を対象とした研究は、私たちがこうだと思いこんでいる父親像を覆すものである。条件さえ合えば、父親はもっと活躍できるはずだし、実際に活躍しているということを教えてくれるのだ。目まぐるしく変化する社会の絶え間ないプレッシャーにさらされる男性たちにとって、アカのように父子が一緒に過ごす時間を豊富にもつことは、かなり難しいだろう。だが、たとえそうだとしても、アカについて知ることは、父親のあり方に対する別の視点を与え、どんな父親になりたいかについてヒントを示してくれるのである。

父親は胎児に影響を与えうるか？

アカの生活を観察することで、先史時代の父親のあり方については洞察を得られたが、それが過去数十年でどう変わってきたのかはわからない。本章の初めに述べたように、男性が父親になる上で鍵を握っているのは進化ばかりではない。その家族や環境も重要な役割を担っている。不健康な家族や、有害物質にさらされた環境が、未来の子供、さらには孫にまで悪影響を与える可能性があることがわかっている。

妊娠中の女性は健康的な食事をし、水銀に汚染された魚を避け、タバコを吸わず、ペンキに含まれるシンナーを吸わない方が良いことは、たいていの人が知っている。こうしたこと以外にも胎児の健康に影響を与えうるものは多い。至極明快な話だ——人生において、母親の子宮内にいるときほど、まわりの環境に密接に結びついている時期はないのだから。

それと同じ考え方をすれば、父親が胎児に影響を及ぼすことはほとんど、あるいはまったくないように思える。いかなる肉体的な接触もないからだ。だが、この理屈は誤りだった。研究の結果、父親の置かれた環境、行動、そして外見すらも、胎児の健康に影響を及ぼすことがわかったのだ。しかも、その影響は胎児のみならず、孫にも及ぶ場合があるという。

こうした現象の兆しは、一九六〇年代半ばから現れ始めていた[16]。薬理学者のグラディス・フリードラーは、モルヒネがメスのラットに与える影響を調べ、その化合物が子の発育に変化を及ぼすことを突き止めた。そこで彼女は、今度はオスのラットにモルヒネを注射し、健康体のメスと交尾させて、薬の影響が子に出現するかどうかを調べてみることにした。出現するわけはない、というのが従来の考えだった。モルヒネはオスに様々な形で影響を与えるにせよ、精子にまで及ぶことはないというわけだ。だが、その伝統的な考えは間違っていた。新生児のうち、交尾前にモルヒネを注射されたオスの子のみが低体重で、発育不全だったのだ。フリードラーは、自分が目にしているものの意味を十分に理解できずにいた。いや、誰一人として理解できた者はいなかった。なので、誰もその発見をまともに取り扱おうとはしなかった。彼女は実験を継続するための資金集めに奔走したが、同僚たちはもう諦めるように助言した。それでもめげずに実験を続け、やっとその成果が認められたのは、ここ一〇年のことである。

飢饉に見舞われた土地

父親が子供に影響を及ぼすことを示す証拠は、今では多くの研究報告に見られるようになった。なかでも興味深いのは、スウェーデン北部、現在では外界から隔絶されたリゾート地になっている、エベルカーリクスという地域からの報告だ。エベルカーリクスを囲む山々は、夏には白夜の太陽に、冬にはオーロラの光に彩られるという。

スウェーデンの研究者たちがエベルカーリクスに関心を寄せたのは、この地域が繰り返し凶作に見舞われた一九世紀当時の記録が、役所に大切に保管されているからだ。[17]「ヴェステルボッテン郡知事より国王陛下へ上奏」された文書に、収穫物に関する統計データと穀物の価格が記録されていたのである。研究者たちはそこから、豊作に恵まれた年、あるいは飢饉に見舞われた年のデータを手に入れると同時に、その孫世代にあたる一九〇五年にエベルカーリクスで生まれた子供たちの情報も別途入手した。狙いは、祖父母の食生活とその孫たちの状態との間に、何らかのつながりを見つけ出すこと。祖父母たちは、豊作の年には十分な食事をとり、凶作の年には満足に食べることができなかったと思われる。そこから何が見えてくるのか、研究者たちには見当がつかなかった。だがデータによって、男性の栄養状態の変化が、その孫の健康面に影響を与えるかどうかを知る機会が得られたのだった。

研究者たちは、祖父たちが一〇代前半にどんな食生活を送っていたかが読み取れる記録にあたった（一〇代前半は、その人の将来の健康状態にとって特に重要だと考えられている年齢だ）。すると、その時期にとった食事が重大な結果を招くことがわかった。恵まれた食生活を送った祖父をもつ人は、飢えを経験した祖父をもつ人よりも早死にしていたのである。また祖父の飢えの体験は、孫にとって別な面でも良い方向に働いていた。彼らは、若い頃に食事を十分にとった祖父をもつ人々に比べ、心臓疾患や糖尿病で死ぬ割合が低かったのだ。

ロンドン大学のマーカス・ペンブリーは、エベルカーリクスで見つかった事実や別の資料にあたり、男親の行動および食生活が子供や孫へ与える影響が他にもないかを検証した[18]。ペンブリーは、一一歳になる前から喫煙を始めたイギリス人の父親一六六人のデータをさらい、彼らの子供たちと、それより後に喫煙を始めた男性の子供たちとを比較してみた。それによってわかったのは、早くから喫煙を始めた父親の子供は、九歳になるまでに肥満になる傾向が強いということだった。ただし、父親と息子との間には関連性があるようだが、父親と娘との間にはそれがないように見受けられた。

ペンブリーと同僚たちは、祖父の代で一〇代のうちに十分な食事をとれた人々と、そうでない人々を見極めるために、いま一度、エベルカーリクスにおける収穫物の記録を調べてみた。その結果、父方の祖父が食べ物に困っていなかった場合、男の子の孫の死亡リスクが増加していることが確認された。また、父方の祖母が食べ物に恵まれていた場合には、女の子の孫に同じ結果が生じていることもわかった。逆のケースもまた然り——子供の頃に満足に食事をとれなかった祖父母をもつ場合、孫の死亡リスクは低くなっていたのだ。

エピジェネティックな変化

同じような話は他にもある。妊娠中の母親が過食をしたり、肥満状態だったりすると、生まれてくる子供が肥満になる可能性が高まることは、これまで知られていた。[19] そして今日では、父親でも同じような現象が起きることがわかっている。母親に加え、父親が肥満でも、子供はやはり太りやすい傾向にあるのだ。この研究成果は、オーストラリアのニュー・サウス・ウエールズ大学のマーガレット・モリスらによるものである。過体重の子供の両親がたいてい太っていることに気づいたモリスらは、父親の遺伝子ではなく、父親の食生活によって、子供が二型糖尿病になるリスクが高まるのだろうかと考えた。

研究者たちは、標準体重のオスのラットに脂肪分を四〇％増やした餌を与えて肥満状態にさせた。それから、そのオスのラットを通常の餌を与えたメスのラットと交配してみた。その結果、生まれたオスの子には体重と体脂肪の増加が見られ、検査の結果、糖尿病のリスクが増加していることが明らかになった。メスの子の場合は違ったパターンを示した。生まれたときは体重、体脂肪ともに正常値だったのが、成長すると体内のグルコースとインスリンの調節が変化し、糖尿病に似た症状を呈したのだ。モリスらがメスの子の遺伝子を詳しく調べたところ、インスリンを作り出す細胞（すい島細胞）に関係する六四二の遺伝子の働きに変異が見られた。[20] ここから導かれる答えは一つ――高脂肪の食事が父ラットの精子に変異をもたらし、メスの子の成人病につながったということだ。[21]

こうした変異は「エピジェネティック（後成的）な変化」と呼ばれるものだ。エピジェネティックな変化は、遺伝子のＤＮＡ配列を変えるのではなく、ある遺伝子が発現するかどうかに影響を与える――

平たく言えば、スイッチがオンになるかオフになるかを決めるのである。エベルカーリクスでの発見や肥満の研究で見られたのは、こうした機構なのだ。

他の疾患でも同じような関連性が見られると指摘する研究もある。たとえば、オリヴァー・ランドー率いるマサチューセッツ大学の研究チームは、オスのマウスに低タンパクの餌を与え続けると、その子の世代では、コレステロールと脂肪の代謝に関わる遺伝子の多くに変異が生じることを発見した[22]。こうしたことが起こる原因について、研究チームはちょっと興味深い推論をしている。おそらく、自分のいる環境にはタンパク質が不足していることを感知した父マウスの身体が、受け渡す遺伝子に変異を起こすことで、子がその厳しい環境に順応できるようにしているのではないか、というのだ。「環境条件がどんなものかを子に『知らせる』ことを可能にする機構が生物には存在する」と研究チームは記している。子の生存をより確実なものにするために父親がとる、思いもよらぬ驚くべき戦略である。

こうした発見はさらなる研究につながり、父親の健康状態が悪いと子に悪影響が及ぶという証拠も増えていった。近年の研究に、マウントサイナイ医科大学のエリック・ネスラーの研究チームによるものがある。その研究では、慢性的なストレス状態にさらしたオスのマウスを、通常の環境で育てたメスと交配した[23]。すると、生まれてきた子マウスには、気分の落ち込みや不安を示すような生理的、行動的変化が認められた。また、タフツ大学医学部のロレーナ・ロドリゲスとラリー・フェイグの研究では、ストレスの影響が、母マウスでは子までしか引き継がれないのに対し、父マウスでは孫世代にまで引き継がれることがわかった。これもまた、エベルカーリクスで明らかにされた「祖父効果」を示す例だと言える[24]。

いま見たような研究例は枚挙にいとまがない。しかも、そうした変化はいたるところで見つかっているのだ。二〇一三年一一月、神経科学学会の年次大会で発表され、のちにネイチャー誌に掲載されたエモリー大学のブライアン・ディアスとケリー・レスラーの研究は、外傷的経験(トラウマ)によって生じた父親の恐怖が子に受け継がれる可能性がある、というものだった。研究では、ある特定の匂いをかがせるたびにオスのマウスに軽度のショックを与え、その匂いがしただけで怯えの反応を示すようにした。やがてそのオスに子ができると、生まれてきた子マウスは、同じ匂いをかいだだけで増幅された怯えの反応を示した。[25] また、怯えの反応はその次の世代にも受け継がれた。

つい一〇年ほど前までは、父親にエピジェネティックな変化が起きていることを示す発見がなされるなど、研究者は誰一人として予期していなかった。母親と胎児は密接につながっているのだから、母親の健康状態が新生児に影響を与えるのは、別に驚く話ではないだろう。だが、父親と胎児の場合は、卵子にたどり着くたった一つの精子でしかつながっていない。その一つが、豊かではあるが、時に害をなす遺産を運んでいるのだ。しかしながら、ここで疑問が生じる。父親の経験は、いかにして精子内でエピジェネティックな変化を起こさせ、健康上のリスクや父親の恐怖を子供に伝えるのだろうか？　研究者たちは様々な仮説を立てているが、確証を得ている者は誰もいない。

有害物質と次世代の遺伝子

有害物質や公害などに目を向け、父親がそうした危険な環境にさらされることで、子供に変化が生じる可能性があるのかを調べてきた研究者たちもいる。ストレス、食生活、不安がそうだったように、有害物質も遺伝子の働きを変えることがあるのだろうか？

この問いに最初に取り組んだのは、ワシントン州立大学の生化学者マイケル・スキナーだった。彼はまず、実験用ラットをビンクロゾリンにさらしてみた。ビンクロゾリンは、ブドウ園、あるいは果物や野菜に使用される殺菌剤である。[26]化学物質への暴露によってラットが弱るだけであれば、スキナーも驚くことはなかっただろう。だが、それ以上のことが起こった。殺菌剤によって、通常はオフの遺伝子のスイッチがオンに、オンのスイッチがオフに変わったのだ。

しかも、この遺伝子の機能の変化は子の世代にも受け継がれていた。環境内の化学物質によって遺伝子の働きが変わりうることは、ずっと前から知られていた。だが科学者たちは、精子と卵子内の遺伝子は、受精時に受け継がれる以前に、そうした変化をきれいに拭い去るものと考えていた。スキナーが発見したのは、それが当てはまらないということだ。実際それは正反対で、変化はいつまでも残っていた。スイッチのオンやオフは次世代に引き継がれていたのである。

外部の影響を受けないと考えられてきた遺伝子の働きが環境因子によって変化するのなら、男性が仕事中に有害物質にさらされた場合に、遺伝子の働きが阻害されるか検証するのは有意義なことだった。ノースカロライナ大学のタニア・デロージェーの研究チームは、膨大な数の男性労働者を対象にした疫学調査を行い、ある種の職業とそれに従事する人の子供の健康問題に関連があるかを調べた。[27]その結果、仮説が正しいことが証明された。いくつかの職種で、子供の出生異常のリスクが高まることが認められたのだ。そこには石油やガスを扱う労働者、化学物質を扱う労働者、印刷工、コンピュータ科学者、美容師、長距離の運転手などが含まれる。また、特定の出生異常と関連づけられている職業もある。たとえば、写真家は白内障や緑内障、造園家は消化器系の異常といった具合だ。こうした疫学調査は、研究室などでの臨床的な裏づけを必要とするため、この研究結果が正しいとは今のところ言い切れないが、重要な警鐘であることは間違いないだろう。

赤い足環のキンカチョウ

これらの研究は、ある思いがけない方法で、父親（そして祖父さえも）が子孫に影響を与えうることを示している。だが、それとは違った側面から父親と子供の健康に関連を探り出そうとする研究もある。父親の他の特性が子供の健康に反映されていないかを考察する、というのもその一つだ。一部の研究者たちは父親の外見に目をつけ、それが子供に影響を及ぼすかどうかを調べた。そして彼らは、ある刺激的な答えをキンカチョウに見いだしたのである。

オーストラリア原産のこの鳥は、体長が一〇センチほど。オスは頬がオレンジ色で、喉元には灰色と白の縞模様があり、くちばしが赤い。男性の外見的な魅力に関わる疑問を追いかける上で、ふさわしい対象とは思えないかもしれない。たとえば、みな同じように飾り気のないオスのなかから、格別ハンサムな個体をどうすれば見分けられるというのだろう？　それでも、キンカチョウの研究からは父親に関する興味深い事実が読み取れる——父親の見映えの良さは、その子供に影響を与えていたのである。

この話は、コロンビア大学のジェイムズ・カーリーから聞いたものだ。[28] カーリーは父性の遺伝に関する権威だが、その研究対象は、オスの遺伝的特徴を調べるのに最適な動物とされるマウスであって、キンカチョウではない。しかし彼を訪ねてみると、話はキンカチョウのことばかり。カーリーは研究室を出ると、ホールを抜け、小さな部屋に私を案内してくれた。騒々しくさえずるキンカチョウを多数飼育している部屋だ。この小さな鳥たちの遺伝子を検査することで明らかになったのは、キンカチョウのオスは間接的な経路で、子に重要な貢献ができることだった。ここで言う間接的な経路とは、メスの行動を変化させることだ。つまりオスのキンカチョウは、メスを子育ての達人にすることで、子が生き残る確率を高めていたのだ。

研究者たちは、キンカチョウのオスの魅力がメスの子育てに影響を与えるかどうかに注目した。この実験のきっかけは、メスの興味深い性的嗜好だった。キンカチョウのメスは、脚に赤い環をつけたオスを、何もつけていないオスより好むことを行動で示したのである（緑の環をつけていたオスにはほとんど関心を払わなかった）。この発見のおかげで科学者たちは、どのオスが色男なのかを見極める手間を省くことができた。メスのお好みのアクセサリーをつけてあげればいいというわけだ。

カーリーによると、メスがなぜ赤い足環をつけたオスを好むのか、確かなことはわからない。だがメスのキンカチョウは、頬の赤い斑点が大きいオスを最高に魅力的な相手だと感じる。おそらく、赤い足環はその赤い斑点にどこか似ているのだろう。はっきりとした説明はつけられないにせよ、この現象に研究者は飛びついた。彼らはオスのグループの半数に赤い環を、残りの半数には緑の環をつけた。そして、メスを魅了したオスの子と、緑の環の地味なオスの子とを比較してみた。

その結果、メスを魅了する赤い足環グループの子が、子育てにおいて明らかに優位であることがわかった。その子たちは、他のグループよりも頻繁に食事をねだり、しかもその行為は報われた——母親はより多くの食事を与えたのである。また、魅力的なオスとの交配で生まれた卵には成長ホルモンがより多く含まれていた。もしかしたら、そうしたオスは優れた遺伝子をもっていただけでは、と思われる方もいるかもしれない。だが、この場合は違う。どういうわけか、キンカチョウのオスを魅力的に見せることが、子にもっと資源をそそぐよう母親に働きかけたのだ。魅力的なオスは、緑の足環をつけられたオスよりも優れた遺伝子をもっていたわけではなかったが、メスはまんまとそう思い込まされてしまったのかもしれない。

親のストレスと子供の健康

カーリー曰く、この実験結果はあまりに予想外だったので、ばかばかしく思えてしまうほどだった。いったいどうしたら、色つきの足環が母親の行動にこれほど重要な影響を与えられるというのか？　そこでカーリーは、今度はマウスを使って実験を再現してみることにした。実験では、隔絶された環境で飼育したオスと、より豊かな環境で育てた「強化オス」を、それぞれメスと交配した。すると、強化オスと交配したメスの方が、より多くの資源を自分の子に与え、より母親らしい行動を示すことがわかった。これはキンカチョウで見られたことと同じだ。より好ましい相手を得たメスが、子に対してより多くの投資をしたのである。

この結果に勇気づけられたカーリーは、次に、ストレス状態にさらしたオスと普通のオスを使って、同様の実験を行った。すると、普通のオスと交配したメスの方が、乳を与えたり舐めたりという行為がより頻繁に見られた。また、子に関しても、ストレス状態のオスの子より落ち着いていることが見て取れた。こうして私たちは、父親が子の健康に影響を与えるもう一つの方法を見つけることになった——オスに魅力をもたせることで、メスを子煩悩な母親に変貌させ、ひいては子にも好影響を与えるのである。

カーリーはさらに実験を続けた。今度は、父親の不安もまた、ストレスのように子に影響を与えるのかという調査だ。カーリーはまず、強度の不安状態を作り出すために、オスたちを住み慣れたケージから取り出して、見ず知らずの別のケージに入れた。その新たな環境を探索しようともせずに、尻込みをしているマウスこそが、強い不安を抱えているというわけだ。そうしたマウスをメスと交配すると、生まれてきた娘マウスは父親と似た不安の徴候を示した。子育てには母親しか関与しておらず、また、その母親の行動がどのようなものであっても不安の兆候が生じたことから、研究者たちは、父親の精子に刻まれた痕跡が受け継がれた結果、娘マウスの行動が変化したと結論づけた（こうした痕跡こそが「エピジェネティック（後成的）な変化」である。というのも、DNAの配列自体を改変するものではなく、遺伝子の働きを——スイッチをオンにしたりオフにしたりと——変えるものだからだ）。

一方、父親の不安は息子マウスには受け継がれなかった。これもまた、他の研究結果と同様である。たとえばエベルカーリクスの場合、祖父の栄養状態が影響を与えたのは息子だけで、娘には無関係だった。研究結果のなかには、息子にのみ影響を及ぼすものもあれば、娘にのみ及ぼすものもある。だが、なぜそうした結果になるのかはまだ解明されておらず、この事実は、これらの世代間の奇妙な影響について知るべき事柄が数多く残っていることを示している。

父性発現遺伝子

カーリーらは現在、息子と娘で異なる影響を及ぼす遺伝子のうちでも、Ｐｅg3という遺伝子の研究を進めている。Ｐｅgとは Paternally expressed genes（父性発現遺伝子）の略で、この遺伝子ファミリーは父親由来のときだけ子供に発現し、母親由来のときには発現しない。「これは、あなたの父親があなたに受け渡すものがとてつもなく重要だということを意味しています」とカーリーは言う。彼が調べているのはマウスだが、人間も同様の遺伝子をもっている。それゆえ、マウスでの発見は同時に人間にも当てはまる可能性が高い。

私がこの遺伝子の働きを理解できるように、カーリーはマウスの交配について簡単な講義をしてくれた。それによると、童貞のオスの交配戦略は、当たって砕けろ型だという。つまり、メスが発情期であろうがなかろうが、目についたメスに手当たりしだい求愛するわけだ。たいていの場合、オスはうまく交配にこぎつけ、それで問題は解決する。そして一度交配してしまえば、メスが発情しているかを匂いで探り当てる能力が発達する。

カーリーは、この能力にＰｅg3が関わっている可能性を探るため、マウスのＰｅg3を意図的に「ノックアウト」、つまり不活性化してみた。すると、そのノックアウトマウスは、交配を経験しても、発情期のメスを見つけ出せなくなった。受け入れ準備ができていないメスとの交尾を求め続けたのだ。

こうして行き場をなくしたオスは、間もなく交配を諦めてしまった。これによってカーリーは、性と交配に関してオスが適切な行動をとるためには、Ｐｅｇ3が欠かせないと確信することになった。

では、メスの場合はどうだろうか？　カーリーが発見したのは、不活性化したＰｅｇ3がメスに対してまったく異なる影響を及ぼすことだった。メスのＰｅｇ3を不活性化しても、オスのときのように交配への影響は見られない。その代わりに、妊娠初期に十分な量の餌をとらなくなり、子育てもおろそかになった。母マウスは出産が終わると、生まれたての子の身体を舐めたり、授乳したり、栄養源として胎盤を食べたり、巣作りをしたりするが、それらの行動が通常のメスに比べて、かなり減ったのである。

まとめると、父親由来のＰｅｇ3は、息子には交配に関して、娘には子育てに関して影響を与える。そして、息子の交配能力と娘の育児能力はどちらも、その次の世代、つまり孫世代に影響を与える。ここでもまた、父親は子ばかりでなく、孫世代まで影響をもたらしているのだ。人間の場合のＰｅｇ3も同様の働きをすると考えるのは、決して的外れではないだろう。もちろんここまで見た実験結果でそれが証明できるわけではないが、カーリーをはじめとする研究者たちは、人間でも同じような現象が起きているという自信を深めている。

人間を檻に入れて色とりどりの宝石をつけ、交配するわけにはいかない。緑の足環をつけられても文句を言わないキンカチョウとは違い、人間の男性は実験のためにダサい恰好をさせられることに抗議するかもしれない。そのうえ自分の子供に害を及ぼすとなれば、そんな扱いに感謝する者は誰もいないだろう。だがマウスもキンカチョウも、人間とかなり共通点があり、前者にとって真実だったことが私たちにも当てはまる場合も珍しくない。それに、たとえこれらの研究結果が人間に当てはまると確認されなくとも、これから父親になろうという男性が、妻やパートナーが身ごもる前に、自分の健康や食事に気を使うのは賢明なことだ。子供に何の恩恵もなかった場合でも、父親自身にとっては有意義な指針となる。まして、子供に有益な影響を与えるのであれば、それは願ってもないことだろう。

2 受精——遺伝子同士が行う綱引き

何年も前の話になるが、AP通信の駆け出しの科学記者だった頃、マサチューセッツ工科大学（MIT）の生物学専攻の学生とたまたま同じタクシーに乗り合わせたことがある。私たちは二人ともヒューストンで行われる癌学会に向かうところで、その学生は、全国レベルの学会での初めての口頭発表を控えて、落ち着かない様子で資料を確認していた。彼の発表のテーマはY染色体、つまり父親の遺伝的寄与を伝達する媒体についての研究だった。それ以降も私たちの人生は何度か交錯し、私は彼が研究者としての地歩を築いていくのを見守ってきた。その学生、デイヴィッド・ペイジは今、高名なホワイトヘッド生物医学研究所（マサチューセッツ州ケンブリッジにある、MIT系列の研究所）の所長である。彼は現在も、私たちがタクシーで乗り合わせた頃に掲げていた研究テーマを追い続けている。

ペイジは最近、Y染色体のたどってきた歴史の分析という興味深い発表で注目を集めた。[1] 周知のとおり、Y染色体は有性生殖に欠かせないもので、男性にはX染色体とY染色体が一つずつ、女性にはX染色体が二つある。妊娠の際は、母親の二つあるX染色体のうちの一つと、父親のX染色体とY染色体のうちのどちらか一つが、それぞれ子供に受け継がれ、父親からX染色体を受け継いだ場合は女の子、Y染色体だと男の子になる。ペイジ率いる研究チームが示したのは、そのY染色体が、もともとそうであったサイズの断片的な切れ端にすぎないということだった（実際Y染色体は、顕微鏡で見るとX染色体に比べてかなり小さい）。かつてY染色体は、X染色体と約八〇〇の遺伝子を共有していたが、今やその数は一九にまで減ってしまっているのだ。

男性は消滅しつつあるということだろうか？

いや、そうとも言えない。遺伝子は減っているとはいえ、男性が衰えつつあるわけではないのだ。遺伝子の喪失の大半はずっと昔に起きたことであり、現在ではY染色体は安定しているようだ。男性にとっても、人類全体にとってもラッキーなことである。これから見ていくように、Y染色体に関する新たな研究は、オスの遺伝学にまつわる魅惑的な物語を私たちに教えてくれる。この物語は、遺伝子が少なくなったからといって、決して単純になったわけではない。あなたが想像しているよりも、重要な意味をもっているのだ。

単為生殖への挑戦

つい最近まで私たちは、妊娠の仕組みについて十分に理解していると思い込んでいた。父親と母親がそれぞれ二三本の染色体を提供することで、受精卵の染色体の総数は四六本となる。その内訳は、二二対の常染色体と一対の性染色体（XとY）だ。受精卵はその後、細胞分裂を繰り返し、父親と母親の形質を受け継いだ胎児に成長する。ごく単純な話に思える。だが、科学者たちが実験室で卵子を受精させる技術を開発し、その過程を綿密に調べたところ、それよりもはるかに興味深い話が見つかった。

一九七〇年代後半、若き発生生物学者だったアジム・スラニーは、ケンブリッジ大学の生理学者ロバート・エドワーズの研究室に在籍していた。[2] エドワーズの名前は、体外受精（ＩＶＦ）技術の開発者として聞いたことがあるかもしれない。一九七八年、産婦人科医のパトリック・ステプトーとの共同研究によって、世界初の「試験管ベビー」であるルイーズ・ブラウンが誕生し、エドワーズはのちに、その業績を認められノーベル賞を受賞している。スラニーにとって、そのエドワーズの研究室は限りなく刺激に満ちた場所だった。ＩＶＦの研究は、スラニーがチームに加わると一気に進んだ。エドワーズはスラニーにこの研究に専念してもらいたかったが、彼自身の考えは違っていた。

スラニーは、単為生殖〔parthenogenesis〕と呼ばれる現象に興味をもっていた（この単語は「処女懐胎」を意味するギリシャ語に由来する）。単為生殖は、一般的な有性生殖のように父親と母親の両方の遺伝子ではなく、どちらか一方の遺伝子だけで子供を作るものだ。この生殖形態が一部の魚類や爬虫類で見られることは、当時から知られていた。だが、人間やマウスなどの哺乳類でも生じるかどうかは不明だった。そこでスラニーは、研究室で単為生殖のマウスを作り出せないかと考えたのである。

人間やマウスでは、精子と卵子はそれぞれ同数の染色体をもち、それが合わさって受精卵になると、その受精卵は一対の染色体をもつことになる。受精卵が分割し、多様化するために、それが必要なのだ。単為生殖で二組の母親の遺伝子を一つの卵子内で組み合わせる場合も、理論的には同じことをしていると言える。つまり、卵子に提供される染色体の数は変わらないということだ。当時の遺伝学の知識では、たとえすべての遺伝子がメスから提供されたとしても、卵子は正常に発達していくと考えられていた。

エドワーズ研究室を離れるまでに、スラニーと彼の助手シーラ・バートンは、遺伝子と卵子を操作する技術を開発していた。スラニーはその技術で、マウスの卵子に他のメスの遺伝子を注入して「受精」状態を作り出そうとした。だが、何度繰り返してみても、その実験はうまくいかなかった。母親由来の遺伝子しかもたない受精卵は、非常に小さくて不安定な胎児にはなったが、どれ一つとして生き残れなかった。代理母マウスに受精卵を移植すると、遺伝子異常があちこちで生じ、受精卵はすぐに死んでしまったのだ。発達が遅くて通常の胚ほども大きくなれないこともあれば、卵黄嚢（らんおうのう）が異常に肥大してしまうこともあった。また、脳の組織がうまく作られない例や、心臓は動くが頭がないという例もあった。

胚が成長して生き残る上で、父親が何らかの欠かすことができない貢献をしているのは明らかだった。だが、その正体については誰も皆目見当がついておらず、スラニーは、その答えを見つけ出そうと決心した。彼は反対の実験を試みた。つまり二組の父親の遺伝子をもつ受精卵を作ってみたのである。だが、この場合も胚は生き残ることができなかった。実験手法が正しいことはわかっていた。同じ技術を用いて父親と母親の遺伝子を組み合わせたところ、胚は無事に成長したからだ。そこでスラニーはこう結論づけた――両親はそれぞれ、「母親由来」あるいは「父親由来」の痕跡を与える何かを遺伝子に提供している。そして、受精卵が生き残るにはそのどちらの痕跡も欠かせないに違いない。

スラニーは、その「何か」が、母親と父親の遺伝子に共通する遺伝子情報そのものにあるのではないことを知っていた。たとえば、母親のヘモグロビン遺伝子と父親のヘモグロビン遺伝子は、原則的に区別をつけられないものだからだ（個体間で小さな差異はあるにせよ）。だとすれば、情報を書き換えない何らかの形で、遺伝子に痕跡が刻まれたと考えるほかない。多くの研究者が、まったく予期せぬことであり、にわかには受け入れがたい結論だと考えた。だが、これは特筆すべき新たな遺伝現象だったのである。

スラニーの同業者たちがこの発見を信用しなかった一番の理由は、それがメンデルの法則として知られる遺伝学の原理に反していたからである。[3] メンデルの法則は、オーストリア人司祭グレゴール・メンデルによって一九世紀半ばに発見されたもので、現代の遺伝学はこの発見によって礎（いしずえ）が築かれたと言える（とはいえ、一九〇〇年に再発見されるまで三〇年以上忘れられていたのではあるが）。メンデルは、異なる形質が世代間でどう受け継がれるのかを理解するために、エンドウマメの交配を八年にもわたって辛抱強く続けた。たとえば、背の高いエンドウマメと背の低いエンドウマメ、緑のマメと黄色のマメといった具合に掛け合わせを行い、どのように育つかを調べたのである。その結果は、予想もしていなかったほど画期的なものだった。

刷り込み遺伝子の発見

メンデルが登場する以前、生物学者たちは、異なる二種の植物を掛け合わせると、双方の特徴を併せもった植物が生まれると考えていた。たとえば、表面にしわが寄った種子をもつ植物と、なめらかな種子をもつ植物を掛け合わせると、わずかにしわのある種子をもつ植物ができる、といった具合だ。だが、実際にはそうならなかった。しわが寄った種もあれば、なめらかな種もあったが（それはメンデルの交配の仕方によって変化した）、その中間はなかった。それらの特徴は個別の形質として次世代に受け継がれ、お互いが混ざり合うことはなかったのだ。親の形質を子へ伝えるのは遺伝子であり、遺伝子が混ざり合うことはない。メンデルはそれを知らなかった。というのも、遺伝子はまだ発見されておらず、メンデルは結局、エンドウ豆で観察できることしか知り得なかったからだ。

メンデルにとって、ある形質が母親由来であろうと父親由来であろうと、そこには何の違いもなかった。どちらから伝わったものであろうと、大切なのは遺伝子の組み合わせであって、それには決まりきったパターンしかなかったからだ。スラニーの研究は、この原則に真っ向から異を唱えるものだった。[4] メンデルを信じるのかスラニーを信じるのか、科学者は選択を迫られた。そして、その結果は一方的なものだった。大半の科学者はこう結論づけたのだ――スラニーの研究がメンデルの法則に反しているのなら、それは間違っている。「一九八三年頃に、ケンブリッジの連中がこの奇妙な実験の存在に気づき始め、私に遺伝学の専門家たちの前で講義をするよう依頼してきた。彼らが非常に懐疑的だということはわかっていたよ。だが、私には自信があった」とスラニーは回想している。その予言どおり、ほどなくして別のアメリカの研究者から協力の手が差し伸べられることになった。フィラデルフィアのウィスター研究所に所属していたダヴォア・ゾルターである。まったくの偶然ではあるが、ゾルターはスラニーと同様の実験を行い、同じ発見にたどり着いていた。そしてこれが決定打になった。議論の絶えなかった実験結果でも、複数の研究所で独立に確認されれば、おいそれと退けることはできなくなるからだ。

ある初期の論文の中で、スラニーは、こうした父親由来もしくは母親由来の痕跡をもった遺伝子を「刷り込み遺伝子」と呼んだ。あたかも鑑定人によって、それが父親由来なのか母親由来なのかが判定され、しるしを「刷り込まれ」たかのような命名だ。そして、この呼び名が定着した。その後の研究では、ヒトの遺伝子のほとんどは刷り込み遺伝子ではないことが明らかにされている。およそ二万五〇〇〇あるとされるヒト遺伝子のうち、このような特別な化学的痕跡をもっているのは、今のところ一〇〇ほどしか見つかっていないのだ。ただし、実際にはそれ以上あると考える研究者もいる。

では、その遺伝子はどのような役割を果たすのだろうか？　スラニーは、妊娠期間を生き残れなかったマウスの胎児をすべて調べ直してみた。すると、二組の母親の遺伝子で実験を行ったときには、胚は順調に成長するが、胎盤は成長しないことがわかった。父親の遺伝子では逆のことが起きた。胎盤は正常に見えたが、胚が成長しなかったのだ。こうして刷り込み遺伝子の働きに関する最初のヒントが手に入った。多くは語らないまでも、父方の遺伝子と母方の遺伝子では働き方が違うことを教えてくれるヒントだ。父親由来の刷り込み遺伝子は胎盤の成長に関して、母親由来の刷り込み遺伝子は胚の成長に関して重要な役割を果たしていたのである。

刷り込み遺伝子の存在を示す証拠を積み重ねることで、スラニーとゾルターは、ようやく自分たちの研究結果が正しいことを周囲に納得させることができた。また、人間に刷り込み遺伝子が存在することも明らかになった。もちろん、メンデルが間違っていたわけではない。たんにその発見が不完全だったということだ。たとえ人間に刷り込み遺伝子がわずかしかないとしても、単為生殖が成り立たないことは、それで十分に説明できる。父親由来の刷り込み遺伝子と母親由来の刷り込み遺伝子がなければ、子供は生き残ることができないのである。

刷り込みが生殖に欠かせないことを理解した遺伝学者たちはやがて、その刷り込みによって、私たちが様々な遺伝性疾患に対して脆弱になる可能性があることにも気づいた。刷り込み遺伝子ではない遺伝子には、保険がかけられている。私たちは両親から遺伝子のコピーをそれぞれ一つずつ受け継ぐが、その二つは互いに代替可能なのだ。したがって、一方がうまく働かない場合でも、他方が機能してそれを補い、身体を正常な状態に保つことができる。こうしたバックアップ機能が、進化の過程で大半の遺伝子に組み込まれたのには、相応の理由がある。というのも、遺伝子変異はごく普通に起こるものであり、その際、変異した遺伝子から正常な遺伝子への切り替えができなければ、病気や機能不全はもっと日常的に生じることになるだろう。つまり、停電時の非常電源のような働きをしてくれるわけだ。どちらの遺伝子であっても、通常は片方が機能していれば問題はない。

しかし、刷り込み遺伝子の場合は、両親から受け継いだコピーの片方が「オフ」状態になっている。これは刷り込みに伴う非常に大きな代償だ。正常に機能すべき遺伝子に変異が起きてしまえば、もう一方はすでに「オフ」なのだから、大変なことになってしまう。読者のみなさんも、もしそんな変異が起きたなら破壊的な状況になると予想されることだろう。科学者たちが目にしたのも、まさにそんな状況だった。

アンジェルマン症候群

私にとって、スラニーの画期的な研究は興味をかき立てられるものだった。これは、父親が子供の健康に影響を与える仕組みとしてはきわめて重要なものであり、科学者にとっても、その仕組みに起因する疾患をもつ子供の家族にとっても、重大な意味をもっていた。これまで私は遺伝学や遺伝病に関する文章を数多く書いてきたので、私たちがみな、健康と病気の間に引かれた非常に細い境界線を綱渡りのように歩いていることを十分に承知している。遺伝情報のたった一つの写し間違いによって、その子供が健康になるのか、それとも重い病にかかるのか、場合によっては死んでしまうのかが決まってしまうことがあるのだ。刷り込み遺伝子の発見に伴い、その境界線はさらに細くなり、危険度を増したように思えた。私は、刷り込み遺伝子に起因する病気をもった子供とその両親に話を聞こうと思い立った。そうすれば、遺伝学の理論上の発見に見えるものが、父親と子供にとって深刻な影響を及ぼしうることを示せると考えたからだ。

最初に訪れたのは、マンハッタンのアッパー・ウエスト・サイドに暮らすアレグザンダー・ベイカーという少年の家だった。アレグザンダーは明るくて元気が良く、驚くほど人懐っこい子で、間もなく五歳になろうとしていた。私が部屋に入ったとき、彼はｉＰａｄのゲームに没頭していたが、訪問者があったことは喜んでいるようだった。アレグザンダーは顔を上げ、満面の笑みを浮かべて歓迎の意を示すと、再びゲームに戻った。だが、私が両親と話をしている間、ちらちらとこちらを盗み見るのも忘れなかった。アレグザンダーの母親マリアは三五歳の作家、同じく三五歳の父親トーマスは企業の人事部長である。もうすぐ一歳になる次男のジェイムズは、母親の腕の中で眠っていた。

私が会話のメモをとるためにノートパソコンを開くと、アレグザンダーはすぐに背後に駆け寄ってきて、私がしていることを肩越しに覗き始めた。画面を見せると彼はにっこりうなずき、しばし眺めた後、またゲームに戻っていった（社交的なのはアンジェルマン症候群の子供の特徴である）。二〇分ほど経った頃、彼はタブレットを母親に手渡し、その画面を指差した。彼女は息子に向かってこう言った。『手伝って』って言うのよ」。アレグザンダーはちょっともじもじしていたが、その言葉を口にした。彼がうまく言える言葉は、これを含めてほんのわずかしかない。言語療法士との広範囲に及ぶ訓練を通じて学んだものだ。話すことができないのに加えて、アレグザンダーには発達遅延、頻回発作が見られ、生涯を通じてケアが必要だと言われている。

アレグザンダーが生まれて二、三ヶ月で、両親は何かがおかしいと感じたという。生後八ヶ月のときに発育が遅れているという診断が下されたが、そのときには彼らの疑念は確信に変わっていた。「僕たちは問題の兆候に十分気づいていました」父親のトーマスは私にこう語った。「まわりからは、まだ親になって日が浅いから気にしすぎているのだと言われました。そもそも男の子というのは発育が遅いのだから、といった具合です」。だが、それが理由ではないことを両親はわかっていた。そこで彼らは、遺伝学者、発達障害を診てくれる小児科医、神経科医など様々な分野の専門家を訪ね、その数は二〇人以上に及んだ。「その頃が僕たちにとって、おそらく最も辛く、苦しかった時期だったと思います。何かしらの問題があるのは確かで、次から次へと専門家と面会の約束を取りつける。でも、結局は答えが出ないか、診断を下されても誤診かのどちらかでした」

自閉症と脳性まひの可能性が疑われたが、やがて否定された。そこで医師たちが次に下した結論が、いわゆる広汎性発達障害（ＰＤＤ）と呼ばれるものだった。何やら公式の病名のように聞こえるが、これは、子供が通常の発達基準に達していないことを示す包括的な診断名にすぎない。アレグザンダーの場合、原因がわからなかったので、医師たちは「特定不能の広汎性発達障害」（ＰＤＤ－ＮＯＳ）と分類した。

　転機は、ベイカー夫妻がこの結果を親戚たちに報告したことをきっかけに訪れた。それはトーマスの義理の妹からの電話だった。彼女は大学の生物の授業でアンジェルマン症候群についてレポートを書いたことがあり、アレグザンダーの話を聞いて、すぐにそのことを思い浮かべたのだった。言語能力の欠如、興奮したときに手を叩くというしぐさは、アンジェルマン症候群の可能性を思わせる。それらは自閉症に見られる兆候でもあり、彼女は確信をもてなかったが、新しい手がかりだった。アレグザンダーの両親は専門家のもとを再度訪れたが、彼らは言下にその可能性を否定した。それでも二人は諦めなかった。二〇〇八年、感謝祭を目前に控えた頃にアレグザンダーは検査を受け、その結果、アンジェルマン症候群であると診断された。「ほっとした反面、やはりという気持ちもありました」とマリアは言った。問題を突き止められたのは二人にとって救いだった。だが一方で、改善が難しい深刻な状況に対峙しなければならないことも明らかになったのだ。「それ以前は……」とトーマスは言う。「今を乗り切れば、あの子は苦しみから抜け出せるという期待も抱いていました」。ベイカー夫妻はすぐに、アンジェルマン症候群が神経系に重度の障害をもたらす希少疾患であることを知った。この症候群をもつ子供の親たちは、これぞ症状を緩和してくれるものと望みを抱かせる数多の療法の情報をもってはいるが、治癒につながる道はいまだ見つかっていない。トーマスとマリアによると、アレグザンダーもまた「考えうる限りのあらゆる療法」を受けてきたという。そのなかには、特別支援学校への参加、微細運動能力を調整する作業療法、バランスと動作を改善する理学療法（フェルデンクライス・メソッド）、言語療法、水治療法、さらには毎週末に馬の背に子供を乗せ、お尻を動かすことで歩行能力を高める特殊療法まであった。保険が使えるものも多少あったが、多くは適用外だった。マリアは自分の仕事をいったん諦め、つきっきりでアレグザンダーの世話をすることにした。

アンジェルマン症候群の子供には共通して発作が見られるが、その形は様々に変化する。少し前、アレグザンダーはぼんやりとして受け答えもできない状態が続いた。両親は当初どうしてそうなったのか原因がわからなかったが、医師は非けいれん発作によるものと断定した。その診断が下されるまでに、彼はひと月余り、ほぼ連続的な発作に見舞われていて、それがアレグザンダーの表情を消し去っていたのだ。発作はそれ自体が危険なだけでなく、日常的な治療の妨げにもなる。

治癒が望めない現状では、アレグザンダーには生涯にわたる集中的な看護が必要となる。愛らしい子供だが、普通の子度のような発育を期待することはできない。夜にはおむつをつけ、おそらくそれが取れることは決してないだろう。ベイカー夫妻がアレグザンダーと愛情あふれる温かい関係を築き、彼もまた両親を愛しているとしても、トーマスが言うように、一緒に暮らしていくには困難が伴うことはみな承知している。「息子に『みんなのことを愛しているよ』と言ってもらうのは、まず無理でしょう。少なくとも、その言葉どおりにはね。僕たちはこれからも、今日の息子の調子が良いのか悪いのか、苦痛に感じていることはないかなどと考えを巡らす必要があるでしょう。僕たちにとっては可愛くて仕方がない子ですが、一〇代になり、成人が近づいたときに生活がどうなっているか、正直不安です。よだれをたらし、誰にでもハグしたがる息子は、他人の目には愛らしく映らないかもしれないし、受け入れてもらえないんじゃないかと思うんです」。ベイカー夫妻は、息子の世話に関して、できるだけのことをしようと奮闘してきた。と同時に、アレグザンダーが治癒すること、そこまでいかなくとも将来の展望が少しでも明るくなることを、一日千秋の思いで待ち続けている。

アレグザンダーの症状はすべて、ヒト一五番染色体の刷り込み遺伝子群に起きた変異によるものだ。変異が起きたのは母親由来の刷り込み遺伝子、つまり母親から受け継いだときだけ働く遺伝子である（専門用語では「母性発現遺伝子」と言う）。父親から受け継いだ一五番染色体では、その遺伝子は最初からスイッチがオフの状態になっている。したがって、何らかのエラーや異常により、母親から受け継いだ遺伝子が存在しない、あるいは機能しなくなると、子供は働かせるべき遺伝子をもたないことになる。父親由来の遺伝子は沈黙したままで、この重大な遺伝子の欠損を穴埋めするバックアップ機能を果たさないのだ。

話はこれで終わりではない。アンジェルマン症候群の原因となった一五番染色体の遺伝子群にはまた、父親から受け継いだときのみ発現する遺伝子も含まれている。この父親由来の遺伝子が発現しない場合、子供はプラダー・ウィリー症候群という疾患をもって生まれ、アンジェルマン症候群と似たような発達遅延を呈する。この疾患を特異なものにしているのは、食事に関する奇妙な作用だ。プラダー・ウィリー症候群の子供はあまり母乳を飲まず、多くが低体重となるが、離乳後は旺盛な食欲を見せ、ほぼ必然的に肥満となるのだ。また、発育不全や発達遅延も見られる。そのなかには筋緊張の低下も含まれており、これが子供の動きに影響を及ぼす。アンジェルマン症候群と同様、この疾患の症状を緩和する治療法は様々にあるが、どれ一つとして治癒を期待させるものはない。

プラダー・ウィリー症候群

プラダー・ウィリー症候群もまた、刷り込み遺伝子の不具合によって生じる疾患である。すでに見たとおり、アンジェルマン症候群と同じ遺伝子群内で起こる変異が原因だが、こちらの場合は、父親由来の刷り込み遺伝子変異によるものだ。初めてベイカー家を訪れた後、私はプラダー・ウィリー症候群の息子をもつ夫婦と連絡をとった。訪問の日取りを決め、それから程ない日の夜、ロングアイランド線に乗って、ニューヨーク市で会計士をしている三八歳のマイケル・スティーヴンスのもとを訪れた。息子のジェイムズは五歳で、幼稚園に通っていた。妻のバーバラは三七歳の看護師。このスティーヴンス夫妻も、先のベイカー夫妻とよく似ていた。両方の家族とも、自分の子供に援助の手を差し伸べる手立てを講じていた。そこには保険適用外のセラピーも含まれていた。マリアと同じようにバーバラも仕事を辞め、ジェイムズの世話に専念している。

マイケルとバーバラにとって幸いだったのは、生後間もない時点でジェイムズに適切な診断が下されたことである。障害の兆候は妊娠後期に現れていた。医師が胎児の活動が異常に少ないことに気づいたのだ。そこで念のため、医師は出産を早めることにした。生まれたとき、ジェイムズは泣き声を上げなかった。バーバラは妊娠糖尿病で、これは胎児の体重増加を引き起こす可能性があるため、ジェイムズは集中治療室に入れられ、監視下に置かれた。そこで専門家はプラダー・ウィリー症候群を疑った。ジェイムズの睾丸が下りていないという決定的な特徴を示していたのだ。バーバラもまた、その診断に的を絞っていた。小児療法士として、彼女はプラダー・ウィリー症候群の子供を診てきたからだ。「葉巻に火をつける気すら起こりませんでした」マイケルはそう言った。二週間後の遺伝子検査で正式に診断が下り、ジェイムズは六週間入院した。

マイケルに連れられて彼らの家に到着したとき、バーバラはちょうど息子にごはんを食べさせているところだった。過食して肥満になる恐れがあるため、バーバラがジェイムズに食べさせ、彼の食事を厳密にコントロールしていた。食事は一日四回。朝食で二〇〇キロカロリー、昼食で三〇〇キロカロリー、午後のおやつの時間に二〇〇キロカロリー、そして夕食で三〇〇キロカロリー、という具合だ。その他には、ヒト成長ホルモン、魚油、コエンザイムQ10のサプリメントとアミノ酸のサプリメント、カルニチン、カルシウム、マルチビタミン、そして便秘薬を飲ませている。便秘薬を飲むのは、障害によって消化機能に問題を抱えているためだ。食欲が止まらなくなるほどの段階に彼はまだ達してはいないが、やがてそうなることは目に見えている。「プラダー・ウィリー症候群で一番厄介でみんなが恐れているのがこれなんです」とマイケルは言った。「ティーンエイジャーで、体重が一八〇キロになった子供がいるのをご存じでしょう」

プラダー・ウィリー症候群の子供に、アンジェルマン症候群に見られる社交性があるとは言われていないが、ジェイムズはアレグザンダーと同じくらい愛嬌たっぷりだった。アレグザンダーのように、訪問者にご機嫌な様子だったのだ。母親と私が彼のベッドルームを見に二階に上がると、後ろからちょこちょこついてきて、自ら部屋を案内しようとした。特に最近習い始めたばかりのエレキギターが自慢だった。バーバラによると、ジェイムズの知能は「標準範囲のなかで一番下」だという。

ジェイムズが生まれたとき、スティーヴンス夫妻はちょうど新居を購入する準備をしていたので、ジェイムズに必要な特別な配慮を計画に取り入れることができた。たとえば、台所と食料庫を他の部屋から完全に遮断し、棚の扉やドアには鍵をかけることにした。「真夜中も起きていて、食べ物をわしづかみにしたり、盗み食いしたり、ゴミ箱の食べ物をあさったり……こうした話を何回聞かされたことか」とバーバラは言った。「食べ物を手に入れることはできないとわからせるのが、子供のためなんです」。噂でもなんでもない。常軌を逸した食欲はプラダー・ウィリー症候群の典型的な症状だ。

アレグザンダーとジェイムズ、そして彼らの両親を訪ねたことで、刷り込み遺伝子の異常がどのような結果をもたらすのかについて理解を深めることができた。また、二人の男の子が抱える病の深刻さから、刷り込み遺伝子の重要性も改めて浮き彫りになった。子供は、母親と父親の双方から遺伝的な影響を受ける。だが、いま見てきたような研究は、それとは違う領域があることを示している。その領域で見られる父親の遺伝的関与は、精子によって運ばれるちっぽけなＤＮＡのパッケージというイメージから想像されるものよりも、はるかに複雑である。

このような深刻な疾患を引き起こすことがある刷り込み遺伝子だが、もしそれに重要な存在意義がなければ、そもそも進化の過程で出現することはなかっただろう。アレグザンダーとジェイムズを訪ねた後、私は、刷り込みが生じた理由や、それが父親の子供への遺伝的関与において何を意味するのかを説明してくれる人を探し始めた。そして行き着いたのが、ハーバード大学のデイヴィッド・ヘイグだった。

妊娠における母親と胎児の争い

スラニーによる刷り込みの発見から数年後、デイヴィッド・ヘイグはオーストラリアで若手の生物学者として研究に取り組んでいたが、この研究がやがて、刷り込みが存在する理由の見事な説明を導き出すことになる。彼は今でこそ進化生物学の教授だが、大学卒業後、その専門家となる道を捨てて、旅と冒険を追い求める人生を選ぼうとしたことがあるという。結局、博士号を目指して学問の世界に戻ってきたが、そのときの研究テーマは、進化生物学ではあまり注目されそうもない「植物における親と子の対立」というものだった。だが、その研究こそが、刷り込みが生じる理由を説明する理論、ヘイグ自身が「親族理論」と名づけたものに発展していった。

ハーバード大学の比較動物学博物館にあるヘイグのオフィスを訪ねるには、展示物の間を抜け、有名なブラシュカ父子の植物模型の前を通る。ヘイグは研究室をもっていない。彼の仕事は実験を行うことではなく、他人が研究室で行った実験結果を分析することなのだ。彼自身が関わった実験で最も立派な成果を挙げたのは、研究者になって間もない頃に「ハエの腹部に生えた二五万本の毛」を数えたことだという。彼を研究室から遠ざけるには十分な出来事と言えるだろう。

当初は植物をテーマにしていたヘイグだが、研究が進むうちに対象が広がり、やがて人間の親子間で起こる興味深い競争について調査を開始することになった。一九九三年には、そうした競争の一形態、具体的には、妊娠期に見られる母親と胎児の間の対立に関する論文を発表した。父親ならば母親と争う理由も少なからずあるかもしれない。だがヘイグが示したのは、生存のために母親に完全に依存しているはずの胎児が対立をしているという主張だった。「妊娠とは母子間の協力的な相互関係であるというのが従来の一般的な見解だった」とヘイグは書いている。だが、それは真実ではない。実のところ妊娠とは戦争であり、「胎児の活動に対して母親が対抗措置をとっている」状態だというのだ。
それをはっきりと示す例が、成長を妨げられないように母親の動脈を変化させる胎児の能力である。[5]この能力によって胎児は、胎盤を通じて母親の血液から必要なだけの栄養を摂取できるのだ。そして母親はこれに抗う術をもたない。こうした変化を起こせるということは、胎児がホルモンを母親の血流に直接放出できるということでもある。そのようなホルモンの一つに、母体のインスリン分泌量を変化させるものがある。それによって胎児は母体の血糖値を上げることができ、高血糖の血液を胎盤に巡らせて、より多くの糖分を得るようになるわけだ。だが、その効果が効きすぎて母体が自分の血糖値を制御しきれなくなると問題が起こる。ジェイムズの母親バーバラのように糖尿病を発症してしまうのである。ヘイグによれば、妊娠糖尿病とは母親と胎児間の生存競争が引き起こす一つの結末にすぎない。

母親の血圧を高くして、胎児への血流量を増やすと考えられているホルモンもある。こうしたホルモンに母体が支配されてしまえば、血圧が危険なまでに高くなる可能性も出てくる。これもまた臨床現場で見られるもので、子癇前症(しかんぜんしょう)と呼ばれている。子癇前症を発症すると、血圧が致死的なレベルまで上昇することがあるという。ヘイグは母親と胎児の間に見られるこの繊細な関係に驚嘆して、こう述べている。「自然淘汰がこの惑星に生み出したのは、宇宙の大部分を占める生命をもたないどんな存在よりも、はるかに複雑なものだ。進化生物学を学んできた者として、私は次の問いを解き明かしたい――なぜこれが進化を遂げてきたのか?」

この問いを解明する過程で、ヘイグは親子の間ではなく、親同士の遺伝子の対立に目をつけた。これはスラニーやゾルターなどの研究から派生したアイデアだ。スラニーたちは、母親と父親の遺伝子を差別化する何かがあることを発見したが、ヘイグはなぜそうなるかを説明しようとしたのである。

そこで導き出されたのが「親族理論」だった。この理論のイメージを大まかに伝えると、以下のようになる。父親と母親は、どちらも自分の子供の生存に確証をもつことに強い関心を抱く一方で、子供のために求めるものは違っている。というのも、男と女では繁殖戦略が異なっているからだ。哺乳類の場合、オスが特定のメスと複数回交尾をすることはあまりない。一度交尾をすると相手を替え、また交尾するといった具合だ。それによってメスの生殖能力が消耗し、子が産めなくなってもおかまいなしである。どうせ自分の子ではないのだから。

一方、メスは正反対の戦略をとる。メスは自分の生殖可能期間のかなりの部分を出産や育児に費やさざるを得ない。オスと違って頻繁に交配できるわけでも、多くの子をもてるわけでもない。したがって、自分の子が全員確実に生き残れるようにする必要が出てくる。量より質を大切にするというわけだ。妊娠したメスの戦略とは、胚に必要なものだけを提供し、それ以上は与えないというものだ。そうやって次に産む子のための資源を確保するのである。最初の子に多くを与えすぎれば、他の子に与えるものがなくなり、ひいてはその子や自分の命に危険が生じる。反対にオスは、自分の子のために、母親からできるだけ多くのエネルギーと資源を収奪しようとする。つまり、ヘイグが言っているように、「母親由来の遺伝子は母体の健康と生存に細心の注意を払い、父親由来の遺伝子は自分の子供に母親がより多くの時間と労力を割くことを望む」のである。

さて、争いの準備は整った。オスとメスはこれから自分の戦略が優位に立つようにあらゆる手を打つのだ。だが、どうやって？　父親はどんな手を使って母親から最大限の資源を引き出そうとするのか？

母親はどうやって自分の資源を保護し、父親の企みを阻止しようとするのか？　これらの問いに対してヘイグが導き出したのが、オスとメスは自分の戦略を推し進めるために刷り込み遺伝子を利用しているという洞察だった。母親と父親による刷り込みが、各自の戦略を進める上で、必要に応じて遺伝子をオンにしたりオフにしたりするというのだ。

親によって遺伝子に「刷り込まれ」た痕跡は、子供の遺伝子の発現に影響を与える。父親由来の遺伝子が発現した場合は、胎児の成長を促進させるべく、母体からより多くの資源を得られるように仕向ける。できるだけ母親の資源を吸い上げて、父親の戦略を優位に推し進めるためだ。一方、母親由来の遺伝子が発現した場合は、胎児の成長を遅らせることで、次の子のための資源を保護しようとする。

ホームズの決めゼリフ

ヘイグの理論は、スラニーの発見ばかりでなく、スラニーの研究が意味するものを掘り下げていくなかで他の研究者が発見したものにまで説明をつけるものだ。スラニーは確かに刷り込み現象を発見した。だが一方で彼は、どれが刷り込み遺伝子で、それぞれがどんな働きをするのかについて正確にはわかっていなかった。実際、最初の刷り込み遺伝子が見つかったのは、スラニーの発見からおよそ一〇年後、当時コロンビア大学の遺伝学・発生生物学部で研究をしていたエリザベス・ロバートソンによってだった。[6]

ロバートソンは、マウスの正常な発達を調べるなかで、特定の遺伝子をノックアウトして、胚の発達にどのような影響が出るかを探っていた。そして、一九九一年にセル誌に論文を発表し、Ｉｇｆ２遺伝子――インスリン様成長因子Ⅱ（ＩＧＦ－Ⅱ）の生産を担う遺伝子――にまつわる奇妙な発見を報告した。論文によると、母親の遺伝子をノックアウトしても何も起こらず、生まれてきた子マウスは正常だったという。言い換えれば、母親由来のその遺伝子は、子の発達に関してほとんど、あるいは何の役割も果たしていないということだ。一方、父親の遺伝子をノックアウトしたところ、正常な胚に比べて、約六〇％の大きさにしか成長しなかった。どうやらこの遺伝子は、父親由来であるとき（その場合のみ）、明らかに子の成長に欠かせないようなのだ。

これはヘイグの理論とぴったり一致していた。この父親由来の遺伝子は胎児に働きかけて、より多くの栄養を母親から引き込めるようにする。こうして父親の繁殖戦略の要の部分を明らかにすることで、父母間の対立を示す決定的な証拠を手に入れたのだ。それ以降も刷り込み遺伝子は次々と見つかり、ヘイグの理論を裏づけるように、父親由来の遺伝子が胎児の成長を促進することが明らかにされた。ちなみに、父親の戦略が行きすぎた場合には深刻な結果が待っている――胎児が栄養を奪いすぎると母親は死に、そうなれば胎児自身も生きていけなくなるのである。

この新発見はまた、母親が対抗してもつ強力な武器についても明らかにした[7]。母親由来の刷り込み遺伝子は父親の戦略に真っ向から立ち向かう。胎児が母体から栄養をとれるだけとるのではなく、生存に必要な分だけとらせるように働きかけるのだ。Ｉｇｆ２による胎児の成長促進に対抗する遺伝子に、母親は自分の痕跡を刷り込む。その遺伝子はＩｇｆ２ｒと呼ばれるもので、ＩＧＦ－Ⅱ受容体にまつわる働きを担っている。オスのＩＧＦ－Ⅱが機能するには、ＩＧＦ－Ⅱ受容体と結合する必要がある。したがって、メスがその受容体をコントロールすれば、貪欲に栄養を求めるＩＧＦ－Ⅱを抑制することができるのだ。ウィーン分子病理学研究所のデニース・バーロウらは、そこでもヘイグの理論が有効であることを発見した。予想どおり、Ｉｇｆ２ｒも刷り込み遺伝子であり、しかもＩｇｆ２とは正反対の働きをしたのである。この遺伝子は母親由来のときだけ機能した。父マウスのＩｇｆ２ｒ遺伝子をノックアウトしても何も起きなかったが、母親のＩｇｆ２ｒをノックアウトすると、子が大きくなりすぎて、生まれる前に死んでしまった。

ヘイグは、この遺伝子の興味深い争いに関する論文を書き、シャーロック・ホームズばりのタイトルをつけて発表した。題して、「ゲノム刷り込み、およびインスリン様成長因子Ⅱ受容体の奇妙な事件簿（ストレンジ・ケース）」。論文の中でヘイグは、いかにもホームズファンらしい文体でこう記している。「ＩＧＦ－Ⅱとその２型受容体の刷り込みが正反対なのは、もちろん偶然などではない」。ヘイグにとっては、これぞ自分の理論が正しいことを示す心躍る証拠だった。二つの遺伝子は生まれる子の大きさをめぐって両親を争わせ、それぞれが自分の進化の目的を達成しようとするのだ。自分の理論に批判的な人々には、ヘイグはホームズのセリフを引用して予めこう返答している。「私は昔からこう考えてきた――あらゆる不可能を排除して、最後に残ったものがいかにありそうにないものに思えても、それこそが真実なのである」

こうした遺伝子は対になっており、それがシステム不全に陥ると、壊滅的な結果をもたらすことがある。たとえば、父母の双方のＩＧＦ２遺伝子が機能してしまった場合（通常は母親由来のものは機能しない）、あるいは、何らかのエラーによって受精卵に父親由来のオンになった遺伝子が二つ存在している場合を考えるといい。そのとき胎児は、二倍の成長促進遺伝子をもっていることになる。これがベックウィズ・ヴィーデマン症候群という障害を引き起こし、出生時の体重が通常よりも五〇%増加した巨大児が生まれるのだ。また、反対のケースもありうる。双方由来の遺伝子がオフになっていた場合、胎児は本来得られる母親の栄養を当てにできず、低体重児となって生まれてくる。

「綱引きなんです」とヘイグは言う。「綱の両側から引っ張り合っているわけです。多くの場合、綱が大きくどちらかに動くことはありません。この状態は綱の両側にいる引き手が互いに頼り合うことで成り立っています。だから、刷り込み遺伝子に異常があって病気になるときは、片方が綱を手放してしまったようなものと言えます」

先述したとおり、性別によって違いがある遺伝子は数が少なく、およそ二万五〇〇〇あるヒト遺伝子のうち一〇〇くらいだろうと見積もられていた。だが、ヘイグと彼の同僚の分子生物学者キャサリン・デュラックは、これまでとは違った方法で刷り込み遺伝子を探し、その数が一〇〇〇以上に及ぶ可能性があると結論づけた。研究者のなかには、ヘイグとデュラックのやり方には欠陥があり、刷り込み遺伝子は二人が主張するほど一般的なものではないと、その結果を疑問視する声も上がっている。とはいえ、どちらが正しいにせよ、性別の違いによるこのゲノム上の競争が、ヒトゲノムの隔離された一角で行われるような、稀な現象でないことは明らかだ。はるかに広い範囲で、それは繰り広げられているのである。

刷り込みと精神疾患

刷り込み遺伝子の数がどうであれ、その多くが脳内でのみ発現し、様々な場面で行動に影響を及ぼしていることは間違いない。実際、母親由来と父親由来の遺伝子による主導権争いは、あらゆる人間の脳内で起きているのだ。キャサリン・デュラックは次のように言う。「パパとママのアドバイスは、たいていは相容れないものですよね。それがゲノム内で、自分の脳内で起きているんです！　だから、自分が何をするかについて争っているパパとママからは、どうしたって逃げられません」。だが、こうした刷り込み遺伝子が脳のすべての領域で発現するわけではない。ここで興味深い疑問が浮かんでくる。これまでの研究で、刷り込みの異常は、胎児の成長はおろか、生命まで危険にさらしかねないことが明らかになっている。では、脳内の刷り込み遺伝子の異常が精神疾患を引き起こす可能性はあるだろうか？

ロンドン・スクール・オブ・エコノミクスのクリストファー・バドコックと、ブリティッシュ・コロンビア州にあるサイモン・フレーザー大学のバーナード・クレスピは、その可能性があると考えている。彼らは、脳内の刷り込み遺伝子間の綱引きの失敗が、自閉症や統合失調症などの精神疾患の起源を説明する一助となると見ているのだ[8]。この説は精神疾患の遺伝子に関して、長年の謎を解く鍵にもなりうる。精神疾患は遺伝することが多いが、それは目の色といった単純な遺伝とは違う。これもまた、メンデルの法則と相容れない事実だ。精神疾患が遺伝するパターンの多くは、複雑で理解が難しい。規則性がないからだ。それはつまり、刷り込みの異常がこうした疾患と何らかの関わりがある可能性を示唆している。そうだとしたら、遺伝子に何が起きているのかを突き詰めることが、新たな治療法につながるかもしれない。

　クレスピによると、すでに関連性は見つかっているという。ＩＧＦ２遺伝子が関係して過成長を引き起こすベックウィズ・ヴィーデマン症候群という疾患がある。その症候群の子供は、普通より脳の容積が大きく、自閉症になる可能性も増す。一方で、自閉症の人たちを対象とした研究からは、彼らもまた普通より脳の容積が大きいことがわかっている。「全身の過成長と、自閉症の脳の過成長にはしっかりとした証拠がある」とクレスピは言う。「そして、その証拠をＩＧＦ２遺伝子と結びつける研究も存在している」

　それからクレスピとバドコックは反対の状況、つまりＩＧＦ２遺伝子がどちらも発現せず、胎児が普通より小さくなる場合を考えてみた。その場合は、自閉症と「正反対」の疾患を抱えることになるのだろうか？　自閉症患者は、自分の周囲にいる人たちの間で起きていることを正しく把握する能力に欠け、他人の考えを理解するのも困難だ。では、その「正反対」の人間を思い描いてみよう。社会の空気に対して並外れた感受性をもつがゆえに、実際には起きていない他人の行動まで読み取ってしまうような個人だ。そうした人たちは、その場にはない声が聞こえるかもしれない――統合失調症の典型的な特徴である。クレスピとバドコックは、刷り込み遺伝子の異常と関連があると見られる精神疾患のスペクトル図を考案した。そのスペクトルでは、一方の端に自閉症が、その反対側の端には統合失調症、双極性障害、うつ病が置かれている。クレスピらは別に、刷り込みやスペクトルを使えさえすれば、精神疾患のすべてが説明できるとは考えていない。ただ彼らによると、脳内の刷り込み遺伝子をすべて見つけ出し、その働きを調べ、それらの遺伝子の変異が精神疾患とどのような関係にあるのかを調べることは、絶対に必要なのだという。

クレスピはまた、最近なされた発見が自分の予測に合致していたことにも触れている。たとえば研究者たちは、統合失調症の患者について、父親由来の場合に活性化する三つの遺伝子の発現が抑制されていることを突き止めている。クレスピの考えでは、父親由来の遺伝子の発現の抑制は、先ほどのスペクトルで言えば、統合失調症やうつ病が置かれている方の端へと押しやる力になる。そして実際に、そのとおりのことが起きていたのだ。クレスピは、刷り込みと精神疾患のつながりの理解はゆっくりとしか進んでいないと考えている。というのも、一般的に精神科医は生物学者の研究する刷り込みについて関心がなく、逆もまた然りだからだ。

本書に取り組んでいるときに、この考えはしばしば私に浮かんできた。クレスピの言うとおり、精神科医と生物学者の議論が十分ではないのは事実だ。しかし、心理学者は神経学者と、進化生物学者は社会学者と話し合う機会をもたないのもまた事実である。父と子の間に起きる物語は、こうした科学的分野にあまねく関わるのだが、分野間の交流はほとんど見られないのである。

「分野を越えた交流が必要だ」とクレスピは言う。「遺伝学から脳の構造、精神科学のレベルまでをつなげていかなければならない」。バドコックとの作業はその一段階である。「二つの違った分野――社会進化論と精神科学――を合わせる。自閉症および統合失調症の研究において、少なくとも人々の関心を進化生物学に向けさせることができたと思う」。精神医学の分野は進化生物学をうまく活用することができるのである。

私がヘイグとクレスピの研究に強い関心を抱いた理由はいくつかあるが、人間であるとはどういうことかを改めて考えさせられる点も、その一つだ。旧来の考えでは、個人(インディビジュアル)とは「これ以上分割できないもの」とされてきたが、今では個人は分割されている。ヘイグは私に言った。「もし私たちの遺伝子が内輪もめを起こしたとしたら、対立する意見をまとめる調停役は『自己』だと私は考えています」。身体は機械ではない。私たちはむしろ、「相反する意見をもったエージェントたちが内部で駆け引きを行っている、社会的な存在」となるように、それぞれ設計されている。そして、このような内部での意見の対立が、目に見えるものとして現れることもあるかもしれない。私たちは何事かを決定する際に迷いを感じる。協調と競争、眼の前の満足と長期的な計画、そのどちらがいいかを判断する。そうした状況にあるときに私たちが見て、感じているのは、実は私たちの内部で対立する遺伝子の妥結点なのかもしれない。

スイッチをオンにする方法

アレグザンダー少年の家を訪ねてからしばらく後に、父親のトーマスから手紙が届いた。彼は今、アンジェルマン症候群の治癒（少なくとも部分的な治癒）につながりそうな、新たな研究に光明を見いだしているのだという[9]。手紙で触れていたのは、ノースカロライナ大学のベンジャミン・フィルポットらによる研究だ。専門家たちはすでに、アンジェルマン症候群がＵＢＥ３Ａという母親由来の遺伝子の欠失、もしくは変異によって起こることを突き止めている。すでに述べたとおり、この遺伝子は母親から受け継いだときのみ脳内で発現する。父親もこの遺伝子を受け渡すが、子供の脳内では沈黙を続ける。

もし、その父親の遺伝子をオンにすることができたら？　欠失した母親由来の遺伝子の役割をカバーすることで、アレグザンダーの症状を改善し、より健常に近い生活が送れるようになるのではないか？

フィルポットはマウスのニューロンを使って様々な化合物を検査し、うち一〇余りの化合物が、母親の変異遺伝子の代わりとなる父親由来のＵｂｅ３ａ遺伝子を活性化させることを発見した。また、化合物がどう作用するかも突き止めた。そこで今度は、それらの化合物を生きたマウスに注射してみると、父親由来の遺伝子が脳と脊髄の各部位で活性化することがわかった。薬の投与を止めても、その効果は脊髄内で一二週間にわたって続いた。

科学者というものは概して動物実験から多くの結論を引き出したがらない傾向にあるので、フィルポットが自身の研究の可能性に楽観的なことを知り、私は驚いた。一方でフィルポットは、自分が研究しているような薬は、遺伝子や身体の他の部位に有害な影響を与える可能性があり、それを見極める必要から、臨床試験に着手するにはまだ時間がかかると注意をうながしてもいる。もし治療薬がプラダー・ウィリー症候群と関係する遺伝子に影響を及ぼしてしまえば、アンジェルマン症候群の子供が今度はプラダー・ウィリー症候群を発症するかもしれず、それは良い結果とは言えないのである。

それでもなお、この発見は心躍るものだ。しかもフィルポットが研究している薬のうち、一つはすでに髄膜炎の治療薬として認可されている。これは大きな強みだ。アメリカ食品医薬品局（ＦＤＡ）が認可した薬は、一般的に医師が自由に処方できる。ということは、アンジェルマン症候群の子供に対しても、新たにＦＤＡの認可を受けるために数年に及ぶ研究をする必要なしに、合法的に処方できるわけだ。フィルポットの研究がうまくいけば、刷り込み遺伝子の異常が原因で起こる他の病気にも同様の治療法が開けていくことだろう。

大いなる自然は、バックアップがきちんと機能しない特異な遺伝子を私たちに残した。しかし、バックアップ遺伝子自体がなくなったわけではない。もし研究者が、そのスイッチを安全にオンにする方法を見つけることができたら、多くの疾患の症状が緩和され、もしかしたら治癒も可能になるかもしれない。刷り込みの発見や、その現象を説明する各種の理論は、父親から子供への遺伝子における関与が、想像していたよりもずっと強力で複雑であることを示している。そして次の章で見るように、父親は母親の妊娠期間中にも子供に影響を与え続けている。妊娠期間は、父親と胎児との間に目に見えるつながりはないように思えるが、実はいまだ密接に結びついているのだ。

3　妊娠——ホルモン、うつ、最初の争い

家族生活を送るなかで、父親が子供にとってあまり重要ではないと思われる時期があるとすれば、それは妻の妊娠期と子供の乳児期かもしれない。生物学的に見れば、この時期は母親に一番の責任が課せられているようだ。だが、生物学は同時に、父親にも妊娠期における役割をあてがっている。またそれに伴い、父親の身体にも、母親の身体で起きているのと似たような変化が生じる。妊娠中の女性に起こる肉体的、心理的変化と並行して、父親にも同様の変化が起こっているのだ。この時期の父親の行動は、後年の子供への接し方に深く関わってくる——子供が生まれる前に父親の身に起こることが、その後数年にわたって、彼がどのような父親であるかに影響を与える可能性があるのだ。

出産を機に生じる不和

カリフォルニア大学バークレー校のフィリップ・コーワンと妻のキャロリン・コーワンは、パートナ

ーが妊娠中の男親に関する研究の先駆者である。この研究をしようと思い立ったのには、彼ら自身の経験が大きく影響していたようだ。二人は早くに結婚。当時キャロリンは一九歳で、教師としてのキャリアをスタートさせようとしていた。フィリップは二一歳で、まだ大学生だった。二人ともティーンエイジャーの頃から、学校に通う傍ら仕事をしていたので、社会に出ることにためらいはなかった。結婚もまた然りだった。

夫婦になってから二年が経ち、彼らは子供を作ることにした。キャロリンがフィリップの尻を叩いたのだという。[1] 最初に娘のジョアンナが、その二年後と四年後にはディナとジョナサンが生まれた。みな健康には何の問題もなかった。一九六〇年代初めで、女性の多くは家にいて子供の面倒を見るという時代である。キャロリンも教師の職を辞し、専業主婦になった。

長女が二歳で、二人目がお腹の中にいた頃、一家はカナダからカリフォルニアに移ることにした。フィリップが新たな職を見つけたからだ。だが、引っ越しにより家族や友達と離れて暮らすストレスは、想像をはるかに上回っていた。フィリップは仕事に行き、キャロリンは家にいる。そうした暮らしを続けていくうちに、互いの心が離れていくのを彼らは感じた。子育てをめぐる意見の違い、そして言い争いが、二人を引き裂いた。それは、重大な結末を招きかねない初めての諍い(いさか)い——初めての本気の諍いだったと言っていい。

「赤ん坊が生まれることで、自分たちが子供のときに感じた愛情に対する感謝、あるいは失意という、長い間埋もれていた感情が呼び覚まされるとは思いもよらなかった。赤ん坊がむずかるときに抱っこしてあやす方がいいか、気のすむまで泣かせておく方がいいかで意見がぶつかるのは、実のところ自分たちの都合によるもので、赤ん坊のためにしているものではない、ということに気がついたのだ」。*When Partners Become Parents*〔『パートナーが親になるとき』〕という自著の中で、彼らはこう振り返っている。「お互いの心に抱えるわだかまり、あるいは面と向かっての言い争いに心の準備ができていないばかりか、いったん表面化したら、自分たちにその問題を前向きに解決していく術がないことを身をもって知った」とも伝えている。一〇年間に及ぶ彼らの結婚に、前置きもなしに突然ひび割れが生じたのだ。

もがき苦しんだのは彼ら二人だけではない。似たような状況にあった知人たちは、次々に別居もしくは離婚していった。そうしたカップルの多くは当初は子供を欲しがり、わが子がいる家庭を思い描いて心踊らせていた。にもかかわらず、子育ての責任を果たすことは彼らの手に余るようだった。「いつかほころびが生じたのかを尋ねてみると、ほぼ例外なく、子供が生まれる前後数年間に行き着いた」とキャロリンとフィリップは書いている。この現象は、国内外の複数の研究に登場する、あらゆるタイプの家族に共通して見られるものだ。コーワン夫妻や友人たちは自問してもわからなかった——いったい自分たちのどこがいけないのだろう？

すれ違う気持ち

コーワン夫妻がカリフォルニアに引っ越していたのは、フィリップがカリフォルニア大学バークレー校で心理学の研究者として働くことになったからだ（最終的に彼はそこで心理学の教授となる）。一九七〇年代、好奇心と自己防衛本能とに突き動かされたフィリップは、同じく心理学の研究者としてのキャリアをスタートさせていたキャロリンと共に、「家庭生活スタート・プロジェクト」に着手した。のちに社会学研究に一石を投じることになるこのプロジェクトでは、一五年をかけて九六組のカップルを調査した。その結果、彼らは、自分たちや他の人たちが結婚生活に支障をきたした原因を探ることができた。

プロジェクトは、出産を待つカップル七二組と、彼らと諸条件は似ているが子供をもつ予定のないカップル二四組を対象に行われ、子供がいる場合はその子が小学校に入るまで調査が続けられた。[2] コーワン夫妻はカップルたちをグループに分け、専門知識をもった男女のリーダー役を加えて、出産の前後六ヶ月にわたり毎週会合を開いてもらうことにした。各グループ内では、幸福感やメンタルヘルス、カップル間の関係、どんな親になりたいか、自分が育った家庭環境のなかで子供に引き継いでほしいもの、受け継いでほしくないもの、仕事など家庭外で受ける様々なストレスにどう対処するか、などを話し合ってもらった。

調査では様々な発見があったが、パートナーが妊娠中の男性の身に起きる変化についても多くの報告がなされた。[3] プロジェクトで集められたデータからは、相手が妊娠中に、ひげを生やそうと思い立った男性もいれば、体重が減った男性や、これまで自分が傷をかばっていたことに初めて気づいた男性もいることが示された。その大部分が内面の変化が外部に現れてきたものだという。「できるだけ詳しく話をしてもらったが、身体的な症状に関する話はいつもあっという間だった。その一方で、心理的な変化や二人の関係の変化に関しては延々と話が続いた」と二人は書いている。

長時間に及ぶ語り合いのなかで、自分の内的な感情の変化は結婚に赤信号を灯すものだったと報告する男性もいた。危機には、妊娠や親になることに対する思い、性生活の変化、出産後に待っているいまだ現実味のない家事や育児の分担などについて、自分の妻と話し合うことの難しさも含まれていた。コーワン夫妻の調査に参加した男性の多くは、自分たちには従うべきルールがあると考えているようだった。強くあってほしいと妻から求められたときには、決して弱さを見せてはいけないというのも、その一つだ。だが、それが問題を引き起こした。不安を顔に出してはいけないと考えると、それにまつわる話題を持ち出すのに躊躇するようになってしまう。その結果、二人の間に緊張が高まり、距離が生まれることになる。

自分が味わった苦しみは相手のせいだと、なじり合うカップルもいた。ある男性は妻のお腹が大きくなるにつれ、自分の仕事時間も長くなっていることに気づいた。妻の立場であれば、子供部屋の用意や出産に向けてもろもろの準備を手伝ってほしいと考える時期だ。だから妻は、残業が必要な夫の仕事のやり方に不平を言った。だが、そう言われたことで残業時間はさらに延びていった。なぜなら、夫は自分の仕事がうまくいっていることをアピールしたかったからだ。もし励まされていたら、逆に毎晩遅くまで働かねばならないとは考えなかったでしょうと男性は言った。

コーワン夫妻の研究に登場する男性の多くは、自分自身の父親を手本にすることはなかったと語っている(4)。彼らは父親が仕事で家を留守にしがちで、たまに家にいると何だか気持ちが落ち着かないといった、昔ながらの家庭環境で育ってきた。「父親になる人は十中八九、息子や娘に対して常に身近な存在であろう、自分の父親と同じ轍は踏むまいと心に誓う」と夫妻は書いている。ある父親予備軍の男性は、父親が「いつも遠い存在に感じていました。いまだに父と大事な話をすることができません。子供たちは僕がどんな父親か理解し、何でも気兼ねなく相談してくれるでしょう。パパは自分のことをどう思っているんだろう、などとは考えないでしょうね」と語った。

コーワン夫妻の研究は一九七九年から九〇年にかけて行われたが、今ほど女性が外で仕事をすることはなかった時代である。男性たちは妻と子供を養うために、すぐに財政面での責任が増えることを見越して、より仕事に打ち込むようになったと夫妻に語った。だが母親となる女性たちは、それを違ったふうに捉え、逃避の一種だと考えたのである。

コーワン夫妻が調査したカップルの二〇%は、子供が幼稚園に通うまでに離婚した。といっても、残りの八〇%の夫婦が円満に過ごしたということにはならない。自分たちの結婚に不安を抱き、離婚を検討しているカップルも何組かいたのだ。フィリップはそうした家族の間で起こる軋轢(あつれき)、そしてそれが子供に与える影響を案じた。

反対に嬉しいニュースもいくつかあったが、それは父親に関わりがあることだった。パートナーの妊娠を受け入れ、支援する父親をもつ子供は、幼稚園に通うときもすんなりと溶け込むというのだ。言うまでもないことだが、幸せなカップルほど育児をおろそかにせず、そのように大切に育てられた子供は、自分が親から愛され支えられていると感じる。[5] こうした影響は、幼稚園以降も同様に子供の助けとなる。

コーワン夫妻はまた、乳幼児がいる方の家庭ではほとんどの場合、父親が母親に比べて家事をこなす量が少なかったと指摘している。[6] だが彼らによると、家事や育児において父親がより重要な役割を担うかどうかに家族の未来はかかっているのだという。「夫と妻の言うことに注意深く耳を傾ければ、家事に積極的に関わる男性は、家事をしない男性に比べて、自分に自信をもち、家庭も円満だと考えていることがわかる。しかも妻の気持ちも大いに前向きになるのだ」

男性のホルモンも変化する？

パートナーの妊娠期に男性に起こる変化については、多くの研究者によって同様に観察されており、コーワン夫妻の報告を裏づけている[7]。妊娠している女性は、様々なホルモン変化と身体の変化を経験する。だがそれは取り立てて目新しいことではない。目新しいのは、男性にもホルモンの混乱が見られることだ。明らかな変化の一つに、パートナーの妊娠中に多くの男性が経験する体重増加がある。妊娠している女性の多くは食欲が増進し、たくさんの食べ物を欲しがるようになるから、男性が太るのも、そうして家の中に増えた食べ物の誘惑に負けただけというケースもあるかもしれない。だが、ホルモンが関係している場合もある――擬娩(ぎべん)と呼ばれる現象だ（擬娩〔couvade〕はフランス語で「孵(かえ)すこと」の意）。人類学者は、この擬娩が、イギリスやアメリカのみならず非西欧地域でも見られることを発見しており、コーワン夫妻は「時に収拾がつかないほどのレベルにまで達する」と記している。パプア・ニューギニアでは、子供の誕生を待つ夫のなかに、「妻の妊娠後期の数ヶ月間、絶え間のない吐き気と耐え難い腰の痛みで寝込んでしまい、自分の面倒を見るようごねたり、感情のコントロールが難しくなったりする」者がいたという。

ここで鍵を握るのが、テストステロンという性ホルモンと、母乳を作り出すプロラクチンというホルモンである[8]。授乳とは縁のない男性にもプロラクチンはあるが、そのレベルが変化する理由は謎のままだ。ホルモンの変化は、オスが子育てをする動物の一部に見られることがわかっている。子供が生まれる直前の霊長類やオスの鳥、子育てを手伝うげっ歯類のオスに、プロラクチンの上昇が見られるのである。だが、人間の父親にも同じような変化が起きるかについては、誰も目を向けてこなかった。

カナダのメモリアル大学のアン・ストーリー、キャサリン・ワイン＝エドワーズらの研究チームが二〇〇〇年に発表した論文は、これまでの研究不足を認識することから始まっている。「子供が生まれる前に、父親となる男性にどのような心理的、行動的変化が見られるかについては、ほとんど知られていない」と論文には記されている。ストーリーらは、動物に関する研究結果をもとに、パートナーの妊娠から始まり出産後も持続する同様の変化が、人間の男性にも見られると予想した。そしてまた、ホルモン値が違えば、パートナーが妊娠中の男性に現れる症状や、生まれてきた赤ん坊に対する反応も変わってくるはずだと考えた。

ストーリーらは、近隣の病院で出産前講習を受けている三四組のカップルを対象に、子供が生まれる前と後の二回にわたって、男性の血液を採取した。[9] 三組を除いて、全員初めて親となる人たちだった。調査では、吐き気、体重増加、倦怠感、食欲増進、情動変化など、妊娠期間中の女性に典型的な症状が男性にも見られたかをカップルに質問した。また、生まれたばかりのわが子に触れたとき、新生児室から持ってきた毛布に触れたとき、授乳の映像を見たときなど、幼児を思い出させる状況で、ホルモンの数値に短期的な変化が現れるかを調べた。

その結果、ストーリーらが対象とした三種類のホルモン――テストステロン、コルチゾール、プロラクチン――のそれぞれに、大きな変化が認められることが判明した。また、男性の変化のパターンが妊娠期の女性と似通ったものであることもわかった。男性が初めて赤ん坊に接したときのテストステロン値は、妻が臨月を迎えた時期に行った計測と比べて三三％減少していた。

テストステロンのこの変化をどう説明したらいいだろうか？　テストステロンの上昇が、動物や男性の闘争行動と関係があると考える研究者は多い。だとすれば、赤ん坊が生まれたときにその数値が下がるのは、一時にせよ拳を下ろし、わが子に鼻をすり寄せて可愛がるように仕向ける、自然の摂理なのかもしれない。進化論から見れば、これは理にかなっている。闘争は子育てと両立しない。だから赤ん坊に深い愛情を抱く男親は寄り添い、あれこれ世話を焼く傾向にあるのだ。

実際、アメリカ科学アカデミー紀要にある二〇一三年九月のエモリー大学のジェイムズ・リリングらによる研究報告では、血液中のテストステロン値が、父親が子供の面倒を見ることと逆の相関関係にあるとしている。つまり、テストステロンの数値は子供の面倒をあまり見ない父親が最も高く、熱心に子育てをする父親が低くなるのだ[10]。また、子供により資金をつぎ込む父親の睾丸は、通常よりも小さいことが明らかになった。この研究結果は交配と育児には二律背反が生じるという仮説を裏づけている。子育てよりも熱心に交配する男性もいれば、その逆もあるのだ。

この傾向は動物にも見られる[11]。たとえば、乱交志向があるチンパンジーのオスは、睾丸の大きさが平均でヒトの二倍ほどあり、一般的に子の面倒をあまり見ない。ゴリラのオスは睾丸が小さく、子を熱心に見守る。一方、ヒトのオスがどちらの道を進むかは、個人によってばらつきがある。リリングの研究の目的は、世の中にはなぜ良い父親とそうでない父親がいるのかを探ることだった。結局のところ、この研究によって、大きな睾丸を持ちテストステロン値が上がると、男性がどのような父親になるのかは予想できなかった。だが、男性によって子育てに捧げる努力に大きな違いがある理由の解明に一歩踏み出したことは間違いない。

ストーリーの研究チームは、ホルモンの変化について調べていくうちに、パートナーが妊娠中の男性の身に起こる他のホルモン変化も発見した。なかでも顕著だったのは、妊娠後期に見られるプロラクチンの上昇だ。プロラクチン値が高い男性は、赤ん坊が泣くと素早く反応するようになり、妊娠中の女性と似たような症状をより強く示すようになった。また、女性と男性のホルモン値には明らかなつながりがあることも見て取れた。女性のホルモン値は妊娠期の生理的プロセスに連動して増減していたが、男性のホルモン値はパートナーのホルモン変化に従って増減していたのだ。

妊娠している女性のホルモン値は、出産日が近づくにつれて変化していく。当然ながら、そのホルモン値は妊娠中に身体に生じる変化と関連がある。だが、父親のホルモン変化は出産までの日数とは相関がない――パートナー女性のホルモン変化に従って変わっていくからだ。それが意味するのは、妊娠中のカップルの関係がより親密になるほど、男性のホルモン変化はパートナーに同調するようになり、ひいては良き父親になる可能性も高くなるということだ。

この研究は、母親と父親のホルモン値に関連があると証明するものではないが、両者につながりがあり、またその変化が父親の子育てに重要であることを強く示唆している。実際、ストーリーとワイン＝エドワーズによるその後の研究では、父親になったばかりの男性がわが子を抱くと、プロラクチンとコルチゾールの値が上がり、テストステロンの値が下がることがわかっている（わが子の匂いがついたおくるみを巻いた人形でも同じ結果が得られている）。どうやらホルモンは、妊娠期の男性の行動を促す強力な原動力であるようだ。こうした変化が自分の身に起きていると気づいている男性がほとんどいないのは、驚くべきことである。

蔑ろにされる父親研究

父親が乳児との関係を築く上で力を発揮するのは、ホルモンばかりではない[12]。父親の身体や精神の状態もまた、わが子の健康に影響を及ぼすのだ。二〇一〇年、トロント大学のプラケシュ・シャーは、父親と早産の赤ん坊、あるいは正期産だが低体重の赤ん坊との間に関連性があるかを調べた研究が少ないことに気づいた（どちらの赤ん坊も、生後数日～数週間のうちに病気になったり、死亡したりするリスクが高くなっている）。ご想像のとおり、大半は母親についての研究であり、それは母親の健康や行動のマイナス面が赤ん坊にどう影響するか、その関連性を見る方が理解しやすいからだろう。母親が影響を及ぼす危険因子についてはかなり広く研究されているが、そこには妊娠期間中に子供に与えるものが父親の比ではない、というまさに生物学的な事実がある。だからといって、父親を蔑ろにしていいわけではない。

父親に関する情報不足を何とかしようと、シャーらは三六の研究論文を収集し、父親と出産結果の間に何らかの関連性がないかを分析した。その結果、赤ん坊に見られる先のような健康上の悪影響は、父親の年齢が上がるにつれて生じやすく、また父親本人が低体重で生まれていた場合も同様だという結論が導かれた。

このトロント大学の研究結果が掲載されたアメリカン・ジャーナル・オブ・オブステテトリクス・アンド・ガイネコロジーの同じ号には、別の研究チームから分析が不十分だという内容の論評が寄せられた。出産の結果に影響を及ぼす可能性のある父親側の因子は他にも数多くあるが、それらが考察されていないというのだ。そうした因子のなかには、父親が妊娠について抱く感情、妊娠期間中の態度、パートナーとの関係などが含まれる。これらはすべて、妊娠中の母親のストレスを増大させ、健康管理に影響を及ぼしうるのだ。たとえば、男性が子供を欲しがっていない場合には、女性は出産前の妊婦健診を怠る傾向があり、男性がタバコを吸う場合には、女性の喫煙に対する判断に影響を及ぼし、低体重児が生まれる可能性が高くなる。

父親を研究対象として十分に考慮していないと研究者が公に批判されたのは、珍しい例だと言えるだろう。この論評は最後に、妊娠のリスクを評価する際、医師や科学者はもっと父親に注意を払った方がいいと勧告している。これは良い兆候だ――研究者の考え方が変わってきているのである。

そうした勧告に適合した研究の例に、南フロリダ大学の地域社会・公衆衛生学の研究者であるアミーナ・アリオ率いるチームが発表したものがある。アリオらは、父親が妊娠中のパートナーに積極的に関わった場合、生後一年以内の乳児の死亡率が低下することを発見した[13]。また、父親がいない、あるいは妊娠中に父親がまったく関わらない子供は、低体重や未熟児で生まれる傾向があった。父親がそばにいない場合、乳児の死亡率は父親がいる場合に比べて四倍近くになっていた。加えて、貧血や高血圧、さらに重篤な疾患など、乳児に影響を及ぼしかねない母体の合併症は、父親がいない場合に多く見られた。

二〇一一年には、父親が子供の出生時の体重にどのような影響を及ぼすかというニュージーランドの研究が発表されている。この研究グループは、女性が妊娠中の二〇〇二組のカップルを対象に、子供が誕生するまでを追いかけた[14]。父親の肥満や高血圧と、生まれてくる子供の大きさに関係があるかを調査するのが目的の一つだった。出生時の体重に血圧が関係するようには思えないが、父親の体重を調べてみると、ある意味で衝撃的な事実が浮かび上がってきた。父親が肥満であったり、中心性肥満（つまり腹部の肥満）だと、低体重出生のリスクがそれぞれ六〇％高まるというのだ。母親が肥満かどうかにかかわらずである。

まさに驚きの発見だった。父親は、受精さえしてしまえば、胎児の成長に生理的に関わることは一切ない。だが実は、何らかの形で父親は子供の生理に関わっていたのである。どうやってそれが起きるのか？　仮定の一つとして、母親と父親の食生活が似通っていて、そのため父親の過食がパートナーに影響を与えることが考えられる。もう一つは、父親の遺伝子が何らかの形で子宮内にいる胎児の成長に影響を与える可能性だが、その場合に想定されるメカニズムについては正確にはわかっていない。こうした発見が、母親にばかり焦点を絞って行われていた研究に新たな問題を提起した。妊娠期における父親の重要性を理解していた研究者はいなかった――誰も目を向けようとしなかったからである。

父親と愛着理論

このような父親に関する新たな生物学的理解は、二〇世紀の心理学で主流とされてきた考えに真っ向から異を唱えるものだ。その主流となる考えには、心理学者のジョン・ボウルビーが多大な貢献をしている。ボウルビーは、人間の発達に関して最も影響力をもち広く受け入れられた理論の一つ、つまり「愛着理論」を考案した人物である。大まかに言えば、この理論では、自分の面倒を見てくれる存在（たいていは母親）に対する幼児の愛着が、正常な精神発達に不可欠であるとする。

ボウルビーが研究を始めた一九四〇年代当時、子育ての心理学の重鎮と言えば、ジョン・ワトソンだった。ワトソンは、子育てにおいて「情にもろく」、「流されやすい」親を非難し、子供は厳しくしつけることを推奨した[15]。赤ちゃんが泣いているからといって抱き上げるのは良くない、というのである。子供にもっと泣けと勧めるようなものだからだ。むしろ、泣くだけ泣かせておく方がずっと良い、というのである。このワトソンの考えを脇に追いやったのが、ボウルビーの愛着理論だった。ワトソンは、赤ん坊が泣くことと自体を好ましくないと考えたが、ボウルビーは、泣くのは自然なことであり、自然淘汰を通じて身につけた一種の自衛のためのアラームとみなした。

ボウルビーが心理学に与えた影響は甚大なものだったが、先駆者であるジークムント・フロイトのように、その名が世に広く知られることはなかった[16]。フロイトは、自身で思っていたような純粋な科学者ではなかった。才気あふれる作家であり、理論家であったが、観察の対象としたのは、ごく少数の限られた集団の人々であり、ほぼ全員、精神疾患に苦しむ人々だったから、彼の関心を引いたのだ。だが時代が味方し、彼は権勢を誇った。ダーウィンが、単純な生物学的原理を用いて生物学の多くを説明しようと試みたように、フロイトは、人間の行動原理を用いて同じことをしようとした。一九五〇年代になると、アメリカ国内の名だたる精神科は、ほぼフロイト派の精神分析医に占められるようになった。彼らは教科書を出版し、雑誌を発行して、学会を牛耳った。

ボウルビーがフロイト派の優位に立ち向かったのは、そんな時代だった。フロイトと違い、ボウルビーは従来型の研究に携わる科学者だった。最初の頃に彼が取り組んだ研究課題に、母親に対して安定した愛着を形成する子供とそうでない子供がいる理由を探ろうというものがあった。彼は動物の親に見られる愛着を研究している動物行動学者と共同で取り組んだ。それによって人間の愛着について何かしら光明を見いだそうとしたのだ。進化生物学に踏み込み、愛着行動が、動物や人間の子供の生存にどう影響するかを探ろうとした。そして、二歳になる前に母親に安定した愛着を形成する子供は、自分の周りの世界に入っていくことに躊躇せず、反対にそうでない子供は引っ込み思案で母親にべったりしがみつくことに気づいた。安定した関係を築けない子供たちは、その後数年にわたって、分離不安に悩まされる可能性が高くなる。

愛着理論は発達心理学の礎（いしずえ）であり続けている。この理論によって、ボウルビーは二〇世紀の学術誌で最も多く引用された心理学者となり、重要性においてフロイトさえも凌（しの）ぐほどになった。愛着だけでなく、別離と死別に対する理解も一変させたボウルビーの理論だったが、その対象は母親のみに的を絞っていた。父親の役割について、ボウルビーは母親を補佐するものと信じ切っていたからだ。子供時代という舞台の上では、父親は単なる脇役にすぎないというわけだ（ちなみに、かのシェイクスピアも同じことを考えていたようだ。「この世は舞台」から始まるあの有名なセリフでは、赤ん坊、子供、恋人、兵士など男の七つの時代を挙げていくが、親という単語は出てこないのである）。

圧倒的に支持されることになったとはいえ、愛着理論そのものは主に親子の臨床的な観察に基づいたものであって、実験から導かれたものではない。したがって、フロイトの成果より科学的だとしても、厳格な評価にさらされることはなかった。その仕事を引き受けたのが、ボウルビーの愛弟子であり、五〇年代前半に数年にわたって共同研究をしたメアリー・アインズワースだった。駆け出しの頃、彼女はウガンダに引っ越すことになった。夫が首都カンパラにある東アフリカ社会研究所に雇われたからだ。現地に到着した彼女は苦労して資金をかき集め、九ヶ月間ウガンダの母親と子供の研究を行った。そこでアインズワースが出した結論は、わが子によく反応し、思いやりをもち、しかも授乳を楽しんで行う母親の子供は、そうでない母親の子供と比べて、しっかりとした愛着を育みやすいというものだった。

二年後、アインズワースはボルティモアに移り、ジョンズ・ホプキンズ大学で教鞭をとりながら研究を続けた。彼女のところで研究をするためにアメリカにやってきたマイケル・ラムというイギリス人学生が教え子になったのは、その時期のことだ。現在ケンブリッジ大学の心理学部教授であり、父親研究の第一人者であるラムは、アインズワースの研究に心躍らせたが、一方で父親が研究対象として完全に無視されていることに戸惑いを感じた。「研究対象の子供たちは両親のいる家庭で育っていました。母親も父親もいるのに、関心は母親ばかりに集まっていたのです」と彼は言った。「この分野では、母親を中心に考えるのが前提になっているようで、それに対して違和感を覚えたのです。だから私は、母親以外の関係についても調べることにしました」

ラムが父親という存在に興味をもち始めたのは、研究ばかりでなく、自分自身の父親との関係がきっかけだった。彼の人生にとって、それは非常に重要なものだったのだ。ラムが育ったのはザンビアで、父親は現地のイギリス植民地政府に勤務していたのだが、昼時になると必ずいったん帰宅し、できる限りの時間を子供たちと過ごしたという。そのラムが、アインズワースの指導の下で行った研究は、父親は子育てにおいて補助的な役割しか果たしていないという従来の前提に異を唱える、先駆的なものだった。これからは父親に着目して研究をすると打ち明けたとき、アインズワースはそれを思いとどまらせようとした。だが、ラムは頑として譲らずに研究を行い、父親と赤ん坊が、母親と赤ん坊と同じように――しかも同じ時期に――愛着を形成することを示した。

父親のうつと子供のうつ

ラムは古い社会通念に一石を投じた先駆者の一人だが、見直すべき問題は他にもまだたくさんある。たとえば、子供のうつ病に関する研究もまた、父親の存在が長いこと無視されてきた分野だ。心理学者たちは、妊娠中の母親のうつが子供に悪影響を与えうることは理解していたが、妊娠期間中に父親がうつになった場合でも同様の影響があることについては、誰も真剣に考慮してこなかった。だが、それも変わってきている。実は、妊娠期間中に父親がうつになると、母親の場合と同じように子供もうつになる危険性が高まるのだ。父親とお腹の中の胎児は直接つながっていないにもかかわらず、そうなのである。

父親のうつがもたらす影響を見事に証明した研究の一つが、二〇一三年の初めにアンネ・リーセ・クヴァルヴァーグ率いるノルウェーの研究チームによって行われたものだ。[17] クヴァルヴァーグは、妊娠期間中の父親のメンタルヘルスに関する情報を収集するために、三万一六六三人の児童およびその家族に関するデータを精査した。この種の研究は関連性があるかどうかを探るものだが、なぜ関連するかについては語らない。彼らは三つの可能性を示した。精神的な問題に関連する遺伝子が父親から子供に受け継がれた可能性。父親のうつがパートナーに影響を与え、それが子供に影響を与えた可能性。もしくは、乳幼児期において父親がうつ状態にあったことが、結果的に子供が問題を抱えることになった可能性。子供が生まれる前にうつ状態の父親は、産後うつになる可能性が他の人よりも高くなる。どう説明をつけるにせよ、いうなれば父親のメンタルヘルスが子供の健康に重要な意味をもっているということだ。

そして不運にも、ふた親ともにうつに悩まされている子供の場合は、さらに酷い結果を招く。シンシナティ小児病院医療センターの研究者たちは、両親ともうつの場合に、その児童が行動障害および情緒障害を抱えるリスクは、うつではない両親をもつ子供に比べると、八倍にもなることを示した。母親がメンタルヘルス面で問題を抱えていると、子供の行動および情緒面にマイナスの影響を与えることは多くの研究でわかっているが、女親と男親の双方を対象にした研究はほとんどなされていない。

良い話もある。父親が健康だと、母親がうつでもそれが子供に及ぼす影響を和らげることができるという。母親が具合が悪く何もできない場合に、父親が子供の面倒を見ることで、緩衝材の役割を果たすのだ。だがそれは簡単ではない。母親が子供のためにすることはたくさんあり、病気のせいでできなくなったからといって、その代役は簡単には務まらないからだ。うつには大きな罪悪感が伴うことが多いが、それに加えて出産の時期にうつになった母親や父親は、子供と十分に関わることができず、それがのちに子供の情緒面に問題をもたらすのではないかと考えて、さらなる負担を感じる場合もある。

父親のうつが子供に及ぼす不幸な影響は次々に明らかになっている。たとえば、母親のうつは乳児の過剰な泣き行動（コリック）と関連があることが知られていたが、父親のうつが果たす役割については不明だった[18]。そこでオランダにあるエラスムス医療センターのマイケ・ヴァン・デン・ベルクが調べてみたところ、父親のうつもまた、乳児の過剰な泣き行動を促す危険因子であることがわかった。なぜそうなるのかは解明されていないが、父親が受け渡す何らかの遺伝子構造、乳児への接し方の変化、うつの原因となった結婚や家庭生活のストレスといったものが関係しているのかもしれない。いずれにせよ、このオランダの研究は、過剰な泣き行動などの乳児のふるまいを研究する上で、父親を考慮することの重要性を強く訴えるものと言えるだろう。他には、うつの父親はそうでない父親に比べ、子供にお仕置きをする回数が多く、読み聞かせをする数は少ないという研究結果も出ている。

コペアレンティングに対する夫婦の態度

母親と父親の対立もまた、乳児の健康を脅かす可能性がある。一九九〇年代後半、現在は南フロリダ大学セント・ピーターズバーグ校の家族療法士であるジェイムズ・マクヘイルは、国立衛生研究所の後援を受けて、クラーク大学で「時間の経過を通して見た家族」と名づけた研究プロジェクトを実施した[19]。マクヘイルが調べたのは、コペアレンティング〔夫婦で一緒に取り組む育児〕における母親と父親の関係が、子供にどんな影響を与えるかということだった。これは、両親がいる（離婚していない）家庭での母親と父親のコペアレンティングがどのように展開していくかに目を向けた最初の研究である。妊娠期間中の夫婦の関係を調べるべきだということには当初から気づいていた。というのも、それまでの研究では、夫婦の性格、性的関係に対する考え方、結婚生活の質といったものが大切だと言われていたが、マクへイルらは研究者が見落としている別な要素があると考えていたからだ。「家族生活はどうあるべきか、二人がそれぞれ個別に、あるいは互いに手を取り合ってどんな家庭を築きたいのかという夫婦の大局的な考え、それが見落とされていた」

自分の研究はコーワン夫妻に触発されたというマクヘイルは、健全な家庭において鍵となる要素でありながら先行研究で欠けていたのは、コペアレンティングの協調関係が子供への関心をもつことで形成されるという理解だと気づいた。両親がしっかりとした協調関係にある場合、子供のストレスの兆候は少なくなり、婚姻関係はより強固になり、子供は友人とより良い関係を築くことができる——これこそが、マクヘイルの研究の背後にあり、のちに彼自身の研究によって裏づけられることになった考えなのである。他の研究者たちは、これまで離婚した家庭のコペアレンティングを対象としてきた。別れた親はお互い争いごとにならないように取り決めをしていこうとするものだ。だが、二人がまだ一緒に暮らしているケースについて目を向ける研究者は誰もいなかった。多くの家庭において「両親ともにわが子と良好な関係を保っているが、それでも子供は混乱状態にさらされており、しかもその原因はコペアレンティングの関係ということもよくある……二人がお互いを憎み、わが子の愛情と忠誠を独り占めしようとすることがあり得る」。子供に関わるこのような慢性的な争いが、その子供自身に悪影響を及ぼすことは自明の理と言えよう。離婚した家庭の多くはこのパターンが当てはまるが、離婚していない家庭でも、五件に一件の割合でこの争いは起きているとマクヘイルは言う。

マクヘイルが発見したことの一つは、親になる人のコペアレンティングに対する信念は、本人自身の親、家族との経験によって培われた、というものだ。「日曜日は決まって家族が一緒に過ごす日でした」キャンディスという女性は言った。「だから私も、家族である以上、同じようにしたいんです」。彼女の夫ロンは日曜日に夕食を共にすることは納得したが、子供の面倒を見ることは反対した。「子供の世話を焼くのは彼女の担当になるでしょう」彼はそう言った。「ママとして家にいて、おむつを替えるのも彼女の仕事です」

キャンディスはこう言った。「昼間は私が世話を焼きますが、帰宅したら夫にやってほしい。彼の父親は何もしない人だったからこそ、子育てに熱心に関わってくれるはずです」。ロンは、自分の両親が「僕たち子供のことで、いつも言い争っていた。両親の板挟みになって自分が味わったような体験は、子供にしてほしくない」と語る。二人がコペアレンティングの話を始めなければ、明らかにロンの父親としての責務についての深刻な対立が生じるのだ。マクヘイルは意見の不一致を「潜在的な火種」と呼んだ。

マクヘイルらは、これから親になるカップルを対象に、妊娠第三期に入った時点でのうつと結婚満足度を評価した。すると驚いたことに、予期していたよりもずっと強い精神的緊張を感じていることがわかった。うつを評価するテストでは、四〇％の母親と二二％の父親が高い数値を示したのである。調査結果を検証した研究者たちは、このテストが映し出しているのが、実はうつではなく、これから親になることについての一般的な不安なのではないか、という仮説を立てた。「テストの結果が良い親であっても、たいていは精神的な苛立ちを経験していた」とマクヘイルは書いている。「高いレベルの苛立ちを感じている事例もかなり多く見られ、それよりもひどい場合も少なくなかった」。一方、結婚満足度の方は落ち着いており、問題があるとしたのは少数にとどまった。とはいえ、すべてのテスト結果を集計したところ、半数のカップルの少なくともどちらか一方が、うつの兆候や結婚生活における精神的緊張を懸念していることがわかった。

妻の妊娠中に夫は何をすべきか？

コーワン夫妻やマクヘイルらが、これから父親となる男性たちに話を聞くなかで浮かび上がってきたことが一つある。それは、肉体的にも感情的にも自分の子供の「そばにいる」という父親の決心だ。彼らの多くは、昔かたぎの父親が自分には寄り添ってくれなかったと感じていたのである。コーワン夫妻は次のように書いている。「これこそが、男性が赤ん坊を迎えるときに楽しみにしていることであり、実際に生まれてくるまで抱えている不安でもある」

こうした男性の決心は真っ当なものだ。だが、子育てにしっかり関わろうと思うなら、子供が生まれるのをじっと待っている必要はない。妊娠中のパートナーを手伝って日用品の買い物をしたり、病院に連れていったり、超音波で胎児の様子を確認したり、心音を聞いたりする父親は、しなかった父親に比べて、出産後もパートナーや子供と深く関わる傾向が強い。これは、パートナーと同居していない父親であっても同じである。パートナーの妊娠期間中にいろいろと世話を焼く父親は、赤ん坊と一緒に遊び、本の読み聞かせをし、子育てに進んで参加する場合が多い[20]。また、そういうタイプの方が、失業をしていても仕事を見つけやすいし、どこか別な場所に住んでいたとしても、パートナーと同居するようになる傾向がある。こうした波及効果は、夫婦にとっても子供にとっても好ましいものだ。

しかし、子育てをしたいという気持ちと、実際に子育てをすることが、常にイコールで結ばれるわけではない[21]。これから父親になる男性に、子供が生まれたら家事と子供の世話の分担をどうするのかと尋ねると、たいていの場合、パートナーの方がやることは多いだろうが、自分も負けずにやっていきたいと答える。だが、生まれてから六ヶ月が経つ頃には、想像していた以上にパートナーの負担が重く、反対に自分はあまりやることがない、という返答が支配的になる。その理由の一つはおそらく、子供にとって父親は母親よりも重要度が低いと、当の父親自身があっけなく認めてしまう点にある。また、ロンとキャンディスのように、父親は子供とどのような関係を築くべきかについてカップル間で意見が一致しないのも、その理由かもしれない。このことは次のような重要な問題を提起する。家庭に介入して、父親をもっと子育てに携わるようにさせることは可能だろうか？　父親と子供の関係にもっと価値を置くように、これから親になるカップルの見方を変えることができるだろうか？　こうしたことが可能なら、それは子供にどんな影響を与えるのか？

コーワン夫妻は、その答えを見つけるために、彼らと同じように夫婦からなる研究チームと手を組んだ。イエール大学の児童精神科医カイル・プルエットと、スミス大学の臨床心理学者マーシャ・プルエット夫妻だ。まず彼らが気づいたのは、妊娠期間を健康に過ごしてもらうことを目的とした家族支援団体の取り組みでは、父親がしばしば蚊帳の外に置かれていることだった。そこでコーワン夫妻らは、そうした取り組みのやり方を変えることで、父親の家庭参加がより円滑になるかを確かめようと考えた。具体的には、子供が生まれるカップルに対して、パートナーの立場から見た自分たちの関係、そして親としての関係について考えてもらう、一六週間のプログラムを考案したのである。このプログラムは、カリフォルニア州内在住のメキシコ系およびヨーロッパ系アメリカ人で、低～中間所得層に属する二八九組のカップルを対象に実施された。

父親を家庭や子供に向かわせる要因のいくつかは、過去の研究によって、すでに特定されていた。それは、パートナーとの関係の質、メンタルヘルスの状態やストレスの度合い、自分が目撃してきた両親や祖父母の行動パターンなどで、多くは本書で議論してきたものだ。父親のためのワークショップは、政府機関や宗教団体など様々な機関によって開かれているが、大半は、男性の講演者とカウンセラーが中心となって行われる。コーワン、プルエ両夫妻によると、こうしたプログラムの問題点は、「そのカップルが結婚していようと、離婚していようと、別居していようと、未婚であろうと、父親が子供にどれほど関与しているかを判断する唯一最大の指標が、その父親とパートナーとの関係の質である」ことだという。

研究チームは、プログラムを父親だけで受けてもらう場合と、母親と父親に一緒に受けてもらう場合とに分け、どちらの方が良い結果をもたらすかを見ることにした。[22] そのプログラムは、かつてコーワン夫妻が開発したものを下敷きにしていて、運動、ディスカッション、男女ペアのメンタルヘルスの専門家と行う短いプレゼンテーションなどから構成されていた。ディスカッションのテーマは、育児、カップルの関係、ストレス、家庭外のサポートにまで及んだ。

プログラムは、母親と父親が一緒に受けた場合の方が上首尾に終わった。彼らの子供は「うつ、不安、過活動の兆候を示す頻度が激減した」のである。また、子育てのストレスも軽くなり、カップルの関係も改善した。なかにはプログラムにすっかりはまり、プロジェクトが終了した後もミーティングを続けるカップルたちもいたという。

これから父親になる男性にとって、妊娠期間とは、パートナーとの関係を深めるための重要な時間である。同時にまた、いまだ超音波でしか見ることのできない存在――母親ならばお腹の中で蹴ったり動いたりするのを感じることができる存在――との結びつきを強める時期でもある。このことを理解したからといって、妊娠期間中に男性が悩みがちな財政的な不安などが解消されるわけではないだろう。だが、自分がなりたい父親像につながる道で、第一歩を踏み出すことはできるかもしれない。

父親について知っていると思っていることを取り払い、これまで学んできたことに置き換えれば、子供たちと積極的に関わるよう父親を勇気づけることができるに違いない。妻の妊娠中に自分の身に生じるホルモン変化を理解している男性は、いったいどれくらいいるだろう？　妊娠期間中にパートナーとしっかりとした関係を築くことが、未来の子供との関係を良くする重要な一歩であることを理解している男性は？　平等主義家庭を肯定的に受け取るカップルは多いが、現実はまだそこに追いついていない。だが父親についてもっと学んでいけば、理想と現実の間の溝を埋めていくことができるはずだ。

4 実験室から見る父親——二十日鼠と人間

私は、ヴァージニア州アッシュランドにあるランドルフ゠メーコン大学のラボで、ケージから必死で逃げ出そうとしているマウスをじっと見ている。ポスドク研究者のキャサリン・フランセンが、ゴム手袋をはめた手で数匹のマウスをつまみ出し、木くずを敷いた靴箱ほどの大きさの透明なプラスチックのケージに移す。彼女がしていたのは、父マウスをその子たちと一緒に不慣れなケージに入れることだった——マウスたちにとっては嬉しくない実験だ。子マウスと一緒にいる父親マウスが、ストレスにどう対処するかを見る、それが目的である。

父マウスたちは落ち着かない様子で身を寄せ合っている。たが、そのうちの一匹が外に出ようと飛び跳ねる。まるでケージの向こう側に自由な世界があるとでも考えているかのようだ。びっくりしたのは、その父マウスが、自分の脱出計画に子マウスを入れようとは露ほども思っていなさそうなことだ。壁に飛びついては落ちるを繰り返しながら、子供たちを踏みつけていたのである。子マウスたちは、まだ歩くこともできず、逃げ出すことは到底できないが、このことを父親はまったく気にしていない。ひたすら、檻のてっぺんに飛びつこうとしていた。

げっ歯類の本音を聞き出す

父親らしい行動にオスを駆り立てるのは何かを解明するのに、研究者たちが動物を使って実験をするのは、パートナーが妊娠中、あるいは子供が生まれたときに、科学のために自分の脳を提供しようと思い立つ人間はまずいない、というごく妥当な仮定に基づいている。マウスでの研究は拡大解釈につながると思えるかもしれない。人類とげっ歯類は相思相愛というわけではないのだから。実際、げっ歯類に出くわしたら、私たちは踵を返してその場から逃げ出すに違いないのだ。だが、次にネズミ捕りをしかけるときには、このことを思い出してほしい――ヒトとマウスの遺伝子は約九〇%が共通している。遺伝子から見て、チンパンジーほど近くはないが、まったく離れているというわけではないのだ。

フランセンは、ランドルフ゠メーコン大学の心理学部長を務める神経科学者、ケリー・ランバートと共同研究をしている。ある暖かな春の日、私は講義を終えたばかりのランバートと向かい合って座り、ヒトの脳の代用品として、マウスの脳がどれほど信頼できるのかを聞いてみた。彼女はさっと立ち上がって研究室に置いてある冷蔵庫のドアを開け、ピンセットをつかんで小瓶からマウスの脳を引っ張り出すと、ペーパータオルの上にそっと置いた。それは薄い黄色をして、しわがあり、大きさはビー玉ほど、形はまさに人間の脳のミニチュア版だった。

慎重にこの脳を解剖してテーブルの上に広げたら、人間の脳を構成するあらゆる部位が見つかるはずです、とランバートは言った。もちろん違いもある。その大部分は、脳の高度な機能を司る大脳皮質という領域で見られるという。「大脳皮質の複雑さの点ではラットとヒト、いやチンパンジーとヒトの間にも大きな違いがあります」とランバートは指摘している。また当然のことながら、マウスの脳は人間の脳に比べてはるかに小さい。マウスの大脳皮質を平たく伸ばしても、切手ほどの大きさにもならないだろう。一方、同じことを人間の大脳皮質でやってみれば、コーヒーテーブルをおおかた覆い尽くすことになる。

それでもなお、ランバートの研究は、マウスによって人間の行動の多くが解明に近づくという前提に基づいている。ランバートは言う。「調べているのは、ストレス、回復力、親としての行動、対処の仕方、刺激の多い環境下での脳の反応です。遺伝子上の類似はたくさんあります。また食事や寿命のコントロールといった、人体に対してはできないような操作ができる。人間からは得られないヒントを提供してくれるんです」

ランバートの研究は、そこから得られる答えに多くを負っている。彼女はこれまで二四年にわたり、自身が言うところの「ネズミたちの本音を聞き出す」実験方法を編み出してきた。また彼女は、実験室の動物を「ネズミの同僚たち」と呼び、自分のことを「ネズミたちと仕事上の貴重な付き合い」がある少数派の人間だと見ている。人間の行動について考えるとき、彼女はよく次のように自問するという。「ネズミたちならどう行動するだろう？」

ネズミたちの美点は、裏表のないところである。「私に言わせれば、げっ歯類は最高の生き物です。純粋で、混じり気がなく、行動に嘘がありません。実験をしているとき、ラットに質問を投げかければ、答えを返してくれます」ランバートはそう語る。彼女にしてみれば、人間はまったく違う生き物だ。自分の行動を正当化するためにストーリーをでっち上げるのは、お手のものだというのだ。たとえば、ある研究に登場する女性たちは、人生で自分を一番幸せにしてくれたのは子供の存在だと言う。ところがその当人たちが、一方では、一番嫌いなことは子供の世話だとも回答している。さしずめ、赤ちゃんに関するものなら何でも好ましいわけではない、といったところだろう。ランバートによると、彼女のげっ歯類たちが、こうした首尾一貫しない態度をとったところは見たことがないという。私が目撃した子マウスを踏み台にしていた父マウスにしても、自分が子に興味がないことには気づいてすらいないのだ。

ランバートが好んで指摘するように、げっ歯類はまた、驚くほど高度な生き物でもある。ほんの数年前まで研究者たちは、メタ認知の能力をもっているのは、人間およびゴリラやチンパンジーなどの霊長類だけだと思い込んでいた（メタ認知とは、大雑把に言えば、自分が知っていることと知らないことの区別をつけられることだ）。しかし二〇〇七年、ジョージア大学のジョナソン・クリスタルらは、ラットが長い音と短い音の違いを判別できるかをテストしてみることにした[1]。違いがわかったラットはご褒美がもらえ、できないと何ももらえない。

その上で、研究チームはラットに三番目の選択肢を与えた——もし訓練をしても音の違いがわからない場合には、テストを受けなくてもいいという選択肢だ。しかもそれを選ぶと、少量のご褒美をもらえる。すると驚いたことに、オール・オア・ナッシング、一か八かの賭けに出るよりも、テストを受けずに少量とはいえ餌をもらえる方を選ぶラットたちが現れた。判別が難しい問題が出されるようになるにつれ、テストを受けないラットの数は増えていった。つまり、ラットにはテストに合格できるかどうかがわかる、言い換えれば、自分の能力を見極める力があるのだ。自分なら一〇キロくらいは走れると考えていたが、最後は息も絶え絶えの状態になって後悔する中年のお父さんよりも、はるかに賢いことになる。

母ラットの目覚め

ランバートのラットのつがいの研究は、ラットのメスが自分の生存の確保から子の生存の確保へと切り替える仕組みを解明しようとするところから始まっている。彼女とリッチモンド大学のクレイグ・キンズリーは、メスは母親となったときに脳内の複数の神経回路が活性化するものと考えた。母ラットは、わが子を守るために様々な危険を覚悟しなければならない。時には、食料を探すために子を置きざりにせざるを得ないこともある。その際、子は捕食者たちに対して無防備であり、もちろん自分自身も外敵に身をさらしている。ランバートとキンズリーは、母親になったラットの食料を探し出す能力が向上すると推測した。というのも、恐怖心や不安を抑え込んで、巣から出てわが子のために餌を見つけようとする母親は、タカが恐ろしい鉤爪で巣にいる子をつかみ出したり、蛇が子を一息に飲みこんだりしてしまう前に、急いで巣に戻る必要があるからだ。子の危険を減らすためには、少しでも効率良く行動しなければならない。

ランバートとキンズリーは一連の実験を行い、自分たちの推測が正しいことを証明した。メスのラットが母親になると、高度の空間学習能力と記憶力が発達する。[2]ランバートらが記したように、若くして

一、二回子を産んだことがあるメスのラットは「年齢が同じで妊娠経験がないラットよりも、二種類の迷路に置かれた褒美の餌の場所を記憶する能力の点で、はるかに優れていた」。実験はそれだけにとどまらなかった。ランバートらは次に、妊娠経験がないメスのラットを子ラットたちと一緒にする、つまり里親ラットの状態にしてみた。すると里親ラットは生物学上の母親と同じく、迷路に置かれた餌の記憶力が向上したのである！　たんに子供の存在が――自分の子であろうがなかろうが――あるだけで、メスのラットは餌さがしが上手になったのだ。

また、母親になることでラットがより優れたハンターに変貌するという発見も、キンズリー研究室の学生たちによってなされた。その研究では、腹を空かせたメスのラットを、餌となるコオロギが木くずの中に隠れている一〇センチ四方のケージに入れ、様子を観察した。子を産んだことのないラットの場合、コオロギを見つけて捕食するまでの時間は、平均で二七〇秒。それに対して、乳飲み子がいるメスの場合はわずか五〇余秒だった。学生たちはさらに、子のいる母ラットの方が、不慣れなケージの中でも動きが固まったり、恐怖を示したりする傾向が低いことに気づいた。またその際、ストレスや情動を調節する脳の部位――海馬と扁桃体――の活動が低下していることを突き止めた。

ランバートらは、子をもつことで母親のマルチタスクの能力が向上する、つまり同時に複数の作業をこなすのが上手になる証拠も初めて示している。人間の母親であれば、たとえどんな証拠を出されたとしても、誰もが同意する変化かもしれない（ちなみに、この変化が本当に起こるという証拠はますます増えている）。研究者たちは「視覚、音、匂い、他の動物の存在に同時に注意を払う」ことに関する競争をさせ、ご褒美として餌――シリアルのフルート・ループス――がもらえるという実験を試みた。その結果、妊娠を二回以上経験している母ラットは、妊娠一回のメスよりはるかに成績が良く、妊娠経験のないラットはそのどちらと比べても成績が悪かった。子に費やす時間が長いほど、能力が高くなっていたのだ。

ランバートに会いに行ったのは、母親の話を聞くためだけではない。彼女がメスのげっ歯類に関する研究成果を発表したとき、私は電話をかけて、オスでも同様の研究を予定しているかと尋ねた。すると彼女が「ちょうど始めたところです」と答えたので、ニューヨークから会いに行くのは、その結果が出てからでも遅くないと私は考えたのだった。父親の研究は、ラットではまるでうまくいかなかった。父ラットは子と一緒にいることがほとんどなく、ランバートはそれを「ドライブスルー・パパ」と呼んでいるほどだ。そこで彼女は、対象をカリフォルニアマウスに切り替えることにした。シカシロアシマウスの近縁にあたるこのネズミは、父親が献身的に子育てを行う。こうして彼女は、母ラットに対して行ったのと同種の実験を開始したのである。

対照的な二種類のマウス

カリフォルニアマウス（学名 *Peromyscus californicus*）のオスは、子の毛づくろいをしたり、子を運んだり、子と身を寄せ合ったりする。つまり、きわめて模範的な父マウスなのである。そして、この父親による世話が子の行動を決定づける。カリフォルニア大学のジェイムズ・カーリーは、子マウスにとって、父親による毛づくろいは、見知らぬ物体を認識する能力を得るために必要不可欠な要素だと記した[3]。毛づくろいをしてもらえなかった子マウスは、その仕事がうまくこなせず、ストレスホルモンにも悪影響を及ぼすという結果が出ている。父親の行動もまた、子供たちが父親になったときに行う子育ての質に関わってくるように思われる。カリフォルニアマウスに見られるような、良い父親であることは、子に計り知れない恩恵をもたらしているのだ。

だが、カリフォルニアマウスのごく近縁のシカシロアシマウス（学名*Peromyscus maniculatus*）の場合は事情が違ってくる。シカシロアシマウスは胴体が茶色で腹部が白く、体長は大人の人差し指よりほんのちょっと長い程度。このマウスは父親のお手本とは言えない。むしろ逆である。これこそ、私が目撃した、ケージから必死に飛び出そうとしたマウス、身体もまだできていないピンクと灰色をした子マウスのことなど、ほとんど気にとめない――突進して脱走に再チャレンジする前に頭を伸ばして彼らに向かって鼻をくんくんさせるくらい――あのマウスである。シカシロアシマウスに見られる哀切に満ちた脱走の試みと、血を分けた子に対する配慮の欠如は、哺乳類のオスの典型的な習性であり、子供に興味を示すのはほんの少数にすぎないのだ。シカシロアシマウスの奇妙な行動は、人間の父親がいかに例外であるかを思い起こさせてくれる。

すぐ隣のケージでは、一匹のカリフォルニアマウスの父親が、ランバートが研究対象に選んだのもうなずける行動をとっていた。この父マウスは、標準的なマウスや哺乳類とはずいぶん違っている。ランバートは、脳やホルモンを調べて、カリフォルニアマウスがなぜこれほど異なる行動をとるようになったのかを解明したいと考えた。私たちが見ていると、オスはひげをせわしなく震わせながら、新たな環境を開拓していたが、片時も子供たちから離れることはなかった。危険を探知するために頭をもたげながら、子供たちの姿を点検し、身体を舐め、覆いかぶさり、身をかがめてぴったり寄り添っていた。そして鳥が卵を温めるように、再び定期的に背を丸め、子供たちの方に身を乗り出していた。

もし父親だと知らなかったら、私はこれが母親で、たいていの哺乳類がそうであるように、オスがとっくに逃げ出してしまったために、わが子を守っているのだと思っただろう。フランセンは私のこの印象を裏づけた。カリフォルニアマウスの父親の行動は母親のそれと見分けがつかないと彼女は言ったのだ。母親は別なケージに入れられているため、子マウスたちは乳を求めて父親の腹の下を噛んでいた。オスのカリフォルニアマウスには乳腺が退化した痕跡があるが、人間の父親のように機能しない乳首はついていない。授乳（および妊娠）は子育てに熱心な父親でもできないが、その他のことに関して、カリフォルニアマウスの父親は母親がすることをすべて行うのである。

カリフォルニアマウスの子育て

関係の近い二つの種でも父親の習性に違いがあることは、一九八〇年代後半から九〇年代初頭にかけてインディアナ大学、のちにウィスコンシン大学に移ったデイヴィッド・グバーニックという心理学者によって確認された。グバーニックは、ちょっと変わったバックグラウンドをもつ研究者だ。大学院では心理学を学んだが、ポスドクのときに動物学を研究。これによって彼は、マウスの家族生活を調べる際に、二つの面に目を向けることができるようになった。すなわち、行動に影響を与える直接的な要因（心理学的な側面）と、その行動の進化的な起源（動物学的な側面）である。

カリフォルニア州モンタレー近郊にある研究施設にいたグバーニックは、カリフォルニアマウスのことを知るために、野外にいくつもの罠をしかけてマウスを捕獲し、タグをつけ、また野に放つということを繰り返す必要があった。「前面に折れ戸式の扉がついた生け捕り用の罠を二つ備えた機器を設置します。罠は金属製で、奥に置いた餌を取ろうと動物が中に入ると戸がぱたんと閉じる仕掛けです。この機器を一〇メートルごとに置いていきました」。グバーニックと彼の同僚は地面、時にはぬかるみの中を這い回り、罠の戸を開けてマウスの大きさを測ってから野に放した。冬には罠の中に綿を敷いて、動物たちを寒さから守った。科学者たちにとっては苦労も多々あった。「雨が降って寒いときは悲惨です」と彼は言った。「ヘッドランプをつけて携帯用の紫外線灯を手に持ち、捕まえた動物たちの耳に番号を振った小さなタグをつけて、どのマウスかを認識できるようにします」。罠を開けて驚くこともあった。「別種のマウスや、昆虫、罠に鼻先を突っ込もうとして閉じ込められた別の動物もいました」。フィールドワークは動物たちの行動が活発になる夜間、暗闇の中で行われた。

グバーニックはメスにそれぞれ違った色の粉をつけ、紫外線を当てたときに、色が浮かび上がるようにした。野生のオスとメスが交尾したときに、オスの身体にその色がこすれてつくので、照合すればどのカップルが巣作りしたかがわかるというわけだ。そして、のちに初めて行われた遺伝子検査の結果は、彼らが厳格な一夫一婦制であることを示すものだった。一匹のメスが産んだ子の父親はすべて同じだったのである。「カリフォルニアで唯一、本物の一夫一婦制と言えるものかもしれません」グバーニックはそう言って笑った。

このフィールドワークは、グバーニックがそれ以前に行っていた実験に基礎を置いていた。その実験とは、まずマウスを交配し、父親となったマウスを母親や子供から引き離すというものだ。父親の不在が子にマイナスの影響を及ぼすのかどうかを見るのが狙いだったが、結果は、私たちが思うよりやや複雑な――そして興味深い――ものだった。

グバーニックは三つの条件で実験を行った。まずは、部屋は暖かく、餌も水もある状況。次は、部屋は暖かいが、餌を得るために親マウスが作業をしなければならない状況（回し車の中を走って回転させることで餌が出てくる）。最後は、部屋は寒く、餌を得るために同じように作業が必要となる状況（冬の環境を模したもの）である。餌があり、暖かい部屋に置かれたときには、父親を引き離しても何の影響もなかった。一方で、餌のために作業が必要な状況や、寒い部屋に置かれた場合には、父親の存在が子供たちの生存の確率を明確に向上させた。このように父親がいることによって状況に違いが生まれる環境は、より自然の条件に近い。

次に研究者たちは屋外で実験を行ったが、そこでも似たような結果が得られた。巣のうち半数を選んで、オスから引き離した状態にし、残りの巣はそのままにしておく。父親不在の環境下で巣から出てくる子ネズミの数は、父親がいる場合に比べて少なかった。つまり、父親が世話をしないと、生き残る数が少ないということになる。父親がいる巣での生存率が高いのは、父親が直接子の面倒を見ていたからだ。オスによるが子育てが進化したのは、子が置かれる厳しい生存環境に理由があると考えられる。グバーニックは、自分の研究が「野生の環境下で父親が子の生存にきわめて大切だということを初めて示した」と言う。さらに追加されたデータからは、父親の重要性は子の保護ではなく、子育てを直接行うところであることが示された。

グバーニックはまた、子の毛づくろいをする、咥(くわ)えて運ぶ、傍に寄り添うといった親の行動に、オスがメスと同じように関わっていることを示した。子マウスたちの身体を温め続けるこれらの行動は、子が生き残る上で非常に重要な要素である。というのも、生後二週間が経過するまで、子マウスは自分で体温調節ができないからだ。またグバーニックは、父親の体内のプロラクチン——子育てに関わるホルモン——が子が生まれた後に上昇することも発見した。このことはすでに、鳥類や他のげっ歯類、また人間でも確認されていた。カリフォルニアマウスのオスのプロラクチンはメスと同レベルで、父親の行動が数値に関係することを示している。

なぜ違いが生まれたのか？

ランバートの研究室では、カリフォルニアマウスの父親とシカシロアシマウスの父親の行動に違いがあることが容易に見て取れた。しかし、それぞれの行動につながる脳内の違いを突き止めるには、そこから何ヶ月にもわたる実験が必要となった。ランバートと学生が行ったのは次のような実験だ。父マウス——良い父親も悪い父親も両方とも——を、自分の子も含めた他のマウスから二四時間引き離した後、以下の三種類のグループのどれかに合流させる。すなわち、自分の子のグループ、自分以外の子のグループ（いわゆる養父となるわけだ）、自分が一緒に育った兄弟のグループである。最後のグループは若いマウスとは接触しないために、対照群としての役割を果たす。

実験の前に父と子を引き離すという発想には、ランバート自身の子育ての経験が反映されている。

「子育てについてじっくり考えていくと、子供たちと離れ離れになっているとき、そして再び一緒になったときに、自分の脳内の回路が最も活性化していることに気づいたんです。だから、我々はこう考えました。まず、父マウスをみな兄弟や家族から二四時間引き離し、その後、自分の子か兄弟がいる檻に戻してみる。そうすれば、一緒に育った仲間に会えば常に脳内に変化が生じるのか、あるいは子供に会ったときだけそれが起こるのかがわかるのではないでしょうか」

実験が終了すると、研究チームは父マウスの脳を解剖して非常に薄くスライスし、どのニューロンが活性化しているかを調べた。ランバートの説明によると、「PETスキャンのようなもの」だということだ。彼らはまた、マウスが父親となったとき、あるいは養父として他のマウスの子と一緒にされたときに、脳はニューロンを再構築するか、もしくは新たなニューロンの成長を促すかを見極めようとした。

研究チームは、母マウスでも同様の実験を行い、ある意味、父マウスにも見られるかもしれない結果を得た。「母親に可塑性があることはわかっていました。母親の脳内では、何らかの変化が生じていたんです」とランバートは説明した。「母親は食料を探すのがうまくなり、より大胆にもなりました。脳を調べると、海馬におけるニューロンの結合が増えていました。海馬とは、空間学習を含む、学習と記憶を司る部位です」。母親が有能な採食者であり、ヴァージンのメスよりもその能力に長けているのはこのためである。

父親のマウスに行った実験の結果も同じだった。カリフォルニアマウスの父親は母親とそっくりの行動をとるばかりでなく、脳内でも同じような変化が起きていたのだ。父親ではなく、子マウスたちとも接していなかった対照マウスでは、同じような脳内変化は起きなかった。良き父親は、ストレスと関連して脳内のある部分での神経作用が減少し、二種類の脳内ホルモン（バソプレシンとオキシトシン）の活動が増加する。面白いことに、研究者たちは、養父も同じように生物学上の父親に見られた脳内の変化を示すのを——すべてではないが——発見した。言い換えれば、子のそばにいるだけでも、オスの脳は良き生物学上の父親と部分的に似てくるということなのだ。それはランバートが母マウスに見つけたこと——子と一緒にいることが行動の変化をもたらす——とよく似ている。

ランバートは、悪い父親であるシカシロアシマウスでも同じ実験を試してみたが、まったく違う結果が得られた。その実験では、父親と養父の区別がつかなかったのである。言い換えれば、カリフォルニアマウスに見られた脳内の変化が、どちらにも見つけられなかった。シカシロアシマウスは、良き父親と同じように行動する電気回路と神経化学物質をもっている。だが、子の面倒を見るその電気回路を活用することはない。

シカシロアシマウスとカリフォルニアマウスの行動を見せ終えると、フランセンはネズミたちを元のケージへと返した。実験室のテーブルに戻ったところで、私は彼女たちに、このような近縁種でも大きな違いが見られる理由を尋ねてみた。

彼女たちは仮説として、次のように説明してくれた。行動の違いは、二つの種の生態における何らかの重要な特徴に起因しているのではないか。もし父親の存在が子にとって有益ならば、父マウスは子の周辺にとどまるだろう。「父親がいることで子の健康状態や暮らし向きが良くなるというエビデンスを示せるなら、子のそばにいるのが父親にとっての適応だと言えます」とランバートは言っている。私たちはみな、自分の遺伝子を次世代に受け渡すように作られており、オスは子孫が生き残るチャンスを最大化できるように、なすべきことをするものなのだ。

カリフォルニアマウスはカリフォルニア州内の砂漠化した一帯に生息している。日中は猛烈に暑く、夜間は急激に冷え込む地域だ。母親は夜に子を置いて食料を探しに出るため、その冷え込む時間帯には、必然的に父親がそばにいて赤ん坊を温めることになる。このことは、脳を研究する際には、脳が置かれている状況を考慮すべきという訓戒を思い起こさせる。「人間でも同じことです」ランバートはこう説明する。「お父さんは何かを提供するのか？　お金である必要はありません。社会的交流でもいいし、知的な戦略でも、あるいは何かしら生活を豊かにするものでもいい」。もしそうなら、そして子供の生存に力を貸しているというなら、父親がそばにいて家族が進化してきたことは道理が合っている。

もし、父親が子の繁栄を後押しできないのなら、そばにいることはないだろう。だから、たとえばひ弱なウミガメの子は自分の力だけを頼りに砂浜の海に向かって命がけで這い進んでいくのだ。この場合は極端なケースで、母親も父親も彼らを守る術が何もない。甲羅を背負って砂浜づたいに、のっしのっしと歩いていては、カリフォルニアマウスのように子の身体を温め続けるための毛づくろいや、子にぴったり寄り添うといったことはできない。だからウミガメの親にとっては生まれた子供たちを守ろうとして失敗するよりも、すぐに次の子供たちを産む準備を始めることを最良の戦略として選ぶのだ。

協力する精子たち

人間の父親にまつわる重要な疑問を解く鍵としてマウスに期待している研究者は、ランバートとフランセンだけではない。ハーバード大学のハイディ・フィッシャーとホピ・ホークストラは、シカシロアシマウスに見られる「乱交」にとりわけ注目してきた。このマウスのメスは、あるオスと交尾をした後、また別なオスと交尾をし、さらに一分に一匹以上の割合で交尾を続けていく。いったいどれほどの時間、メスがこの交尾マラソンを継続していくのかは明らかでない。そのため、フィッシャーらはメスを追いかけることはしなかった。オスの精子を追うことにしたのだ。シカシロアシマウスのメスの生殖器官には何匹もの違う相手の精子が詰まっていたが、それぞれのオスの精子がさかのぼって泳いでいくときに、遺伝学上の「兄弟」を見分けていることを彼らは発見した。同じオスの「兄弟」精子は群がる傾向にあり、力を合わせることで卵子への突破を試みる。精子にとって、他の競争相手を退ける可能性を広げるには、一致団結するこのやり方が一番なのだ。フィッシャーらは、シカシロアシマウスの精子は頭部がフックがついた鎌状で、これによってつながることが可能であり、何本ものくねくねした尻尾をもつ一団を形成することを発見した。他の精子も同じ行動――「自分の」一族を見つけ出す――をとることで、競争は苛烈なものとなっている。

研究者たちがもう一つの近縁種、ハイイロシロアシマウス（ここまで来たからには続けるが、学名は*Peromyscus polionotus*である）に目を向けると、決定的な発見があった。このマウスは一夫一婦型で、オスの精子には互いを認識し結びつく能力はない。だが、一夫一婦型のマウスの父親に、そのような機能は必要ない――メスの生殖器官に他のオスの精子が入ることはなく、したがって、別の交尾相手の精子と競争することがないからである。

ランバートが最も驚いたのは、実験室で飼っている彼女の父マウスの内部で、自分自身の面倒だけを見るという考えから、他のマウスの世話をするという考えへ、概念の飛躍が見られたことだった。「他者を世話するまでに至った哺乳類の飛躍が私を魅了してやみません。生存への関心を他者にまで広げていく。人類は児童期が長い（他の）哺乳類とともにトップに君臨しています。子育ては人類にとって長期間の投資なんです。手を差し伸べれば、その分保険がきくようになる。他のことはともかく、片方の親は死んだとしても、バックアップがありますし。そして重要なことが、親によって子供に対する接し方を少し変えていること。「彼らはお互いを補完し合う。素晴らしいことです。複雑だし、興味をそそられることです」

コウテイペンギンへのご褒美

多くの動物が、父親という存在について何ごとかを私たちに教えてくれる。ここまで見てきたことで、読者のみなさんも親戚のように感じているに違いないラットやマウスよりも、関係が遠い動物も例外ではない。そうした動物たち、つまり父親が子育てに関わる種は、自分の任務を果たすための様々な手法を編み出してきた。だが、共通していることが一つある。タツノオトシゴからペンギンやドクガエルに至るまで、子育てに関わる父親はみな、子供の生存を助けるのに欠かせない役割を果たしているということだ。その欠かせない役割を研究することで、人間の父親についても何らかの知見が得られることだろう。やり方が一つだけということは決してないのだ。

動物の父親といってまず名前が挙がるのがコウテイペンギンだ。その目をみはる子育てぶりは、アカデミー賞の長編ドキュメンタリー賞に輝いた「皇帝ペンギン」でも描かれている。一夫一婦型のこのペンギンは、繁殖の時期が来ると、父親はメスの卵をしっかりと抱きかかえ、想像を絶する寒さと暗黒に支配された南極の冬から守ろうとする。父親が卵を守っている間、母親は海上一五〇キロの沖合まで行き、夫のもとに戻ったときには、卵から孵って母親を待つひなのための食料を目いっぱい詰め込んでいる。無数の父親たちが氷上で身を寄せ合い、身を切るような風と凍える寒さからお互いを守ろうとしながら、三ヶ月もの間じっと立ち尽くすのだ。巣をもたないコウテイペンギンの父親は、自分の足の上に卵（大きくて五〇〇グラムくらい）を一つ載せ、羽毛で覆われた皮膚でそれを覆う。そのおかげで、たとえ外気温がマイナス三五℃だろうと、卵は三五℃の温度を保つことができる。

映画「皇帝ペンギン」のテーマの一つが、母親と父親の間に見られる献身的な態度だ。コウテイペンギンのつがいには厳然とした取り決めがある。オスは卵を守り、その代わりメスは豊富な食料を赤ん坊のために運んでくるのである。これがうまく機能するには、どちらの親の側にも貞節が求められる。さもないと、このシステムは今のような進化は遂げていないだろう。だが、コウテイペンギンは本当に一夫一婦型なのだろうか？　映画は母親と父親の喜びあふれる再会で幕を閉じるが、その後何が起こるかが、やはり気になってしまう。

実際のところ、再会はそれほど喜びに満ちたものではない。母親が海で食料を調達してくると、自分の相手を見つけ出すまで、鳴き声を上げながら何千羽ものオスの集団の中をさまよい歩く（もし母親の帰還が遅れた場合――驚くべきことにたいていはひなが孵る日に戻ってくる――父親は食道の内膜に隠してあった、ペンギンのミルクと言われるものを吐き出し、ひなのくちばしの中に入れる）。ペンギンたちは軽く足踏みをして、数分間じっと立ち尽くし、それからお互いの周囲をまわるが、メスはそうしながらオスの羽毛で覆われた、卵を守っている部分に目を向ける。

そこで感動的な家族の物語は終わりとなる。作家のジェフリー・マッソンによると、「オスは卵をそっと氷の上に落とすと、メスがすぐにそれを取ってオスに背を向ける。最後のデュエットを終えると、彼女は彼にまったく関心を示さなくなる」[4]。オスは「空になった自分の袋を見つめ、くちばしでその部分をつつき、頭を上げ、うめき声を上げてメスをつつく。だがもはや彼女は彼に何の関心も示さず、やがて彼は海に出て、長い断食を終えるのだ。すべてが終わるまで八〇分もあれば十分だ」。その翌年、ペンギンたちは再び交尾をするが、ほとんどと言っていいほど違う相手である。

わが子を守るために過酷な気候の下で絶食を続けてきた父親たちのことを思えば、たとえ繁殖がうまくいっていたとしても、これは哀れな結末に思えるかもしれない。だが、ケリー・ランバートが主張するように、ここで問題になるのは、ある状況における脳（ひいては行動）なのだ。ペンギンの父親が南極の冬を耐え忍んでいるのは、他に選択肢がないからである。そしてその行動は、自分の子が厳しい環境でも生き残れるような形に進化した。子が生き残ることが、ペンギンの父親にとっての報酬なのである。

献身的な父親いろいろ

良き父親たちのなかでも、独自路線を突き進んでいるのがタツノオトシゴだ[5]。水族館の人気者であり、動物界の模範的な父親としても知られるこの魚は、父親の究極の可能性を示す存在でもある——なんと、タツノオトシゴはオスが「妊娠」するのだ。繁殖期になると、タツノオトシゴのカップルは互いに向き合い、巻いていた尻尾を伸ばす。メスは腹部にある輸卵管（ペニスに似ている）をオスの袋（育児嚢）に差し入れ、ねばねばした卵の長い連なりをそこに放出する。その数は数百に及ぶこともあり、それが終わるとオスは自分の袋をぴったりと閉じる。

かつては、オスで「妊娠」するのはタツノオトシゴだけと考えられていたが、近年になって、近縁のヨウジウオでも同じ現象が見られることがわかっている。このヨウジウオでは、とりわけ浅ましい親の依怙贔屓ぶりを観察することができる。妊娠した父親は、パートナーのメスをどう「思う」かによって、お腹の袋にいる子たちにどれだけ栄養を与えるかを決めるのである。[6] 魅力的なメスと交尾したオスは、何をもって魅力的とするかはともかく（大きければ大きいほど良いのは明らかだ）、より多くの栄養を子に分け与え、それほどの優良株を生み出せない相手と交尾した場合よりも、多くの子が生き延びる。

ドクガエルには、メスが卵を産むと父親はそれを背中に乗せて水が溜まったくぼみまで運び、その中に落とす種がいる。[7] くぼみはウイスキーのショットグラスよりも小さいことがある。オスはオタマジャクシが出てくるのを——時にオタマジャクシが卵嚢を破るのに手を貸すこともある——じっと見ている。食料供給を確認し、オタマジャクシが食料を必要とする場合は、メスを呼ぶ。メスは戻ってくると、オタマジャクシが食べるための卵を産むのだ。他のカエルの種でも、産み落とされた卵をオスが自分の口の中に入れる例がある。オタマジャクシはオスの口の中で食料をさがし出し、成長していく。小ガエルまで成長すると、口から飛び出していくのだ。サンバガエルのオスの場合は、脚にひも状の卵をくっつけて運び、孵化したオタマジャクシを池の中に落とす。[8] ウシガエルのオスは、子を守るために、自分の一〇倍ほどもあるヘビを追い払う。

　動物の父親を語る上で、世界で最も小さい、そして最も可愛らしいサルであるマーモセットとタマリンを無視するわけにはいかないだろう。[9] 西半球の熱帯地域に生息するこれらのサルは、一夫一婦型であり、年二回の出産時には、ほぼ毎回双子を産む。新生児の体重は母親の約五分の一である。母親はすぐに別の双子を身ごもるため、父親が二匹の赤ん坊を背負って移動する。これはかなりの重労働で、父親の体重が一〇分の一ほど減る場合もあるほどだ。

　ウィスコンシン大学のチャールズ・スノードンは、ワタボウシタマリンの父親が、子が生まれるとすぐに背負って移動することを明らかにした。[10] 面白いことに、父親の手助けをするのが、その前に生まれた兄たちで、赤ん坊が生後四週を迎える頃には、父親よりも多く背負うようになる。母親が手を貸すことはほとんどないが、必要な状況に直面すれば、すぐに行動に移せるようになっている。父親がいない家族は、年長の近親者、とりわけオスの子供の手を借りながら、母親が役割を受け持つのだ。別の研究で、スノードンは恐怖を感じる状況下、実験室の人間が白衣を着て、動物の仮面をかぶって檻に近づいたときに、幼い子たちはもっぱら自分たちを抱え歩き、食べ物をくれた相手——父親か年長の兄弟のいずれか——のそばに駆け寄っていくことも明らかにした。[11] また、人間の父親に見られたように、マーモセットとタマリンの父親も擬娩を経験する。交配相手が妊娠中、体重が増加するのだが、おそらく生まれてくる子を運ぶために体を大きくするのだと考えられる。

出産に立ち会う男たち

ここまで見てきたような動物の父親は、自分の子の誕生に立ち会うという僥倖に恵まれている。人間の父親も今では当然のように分娩室に入るが、それが許されるようになったのは一、二世代前くらいのことであり、比較的新しい行動と言える。多くの女性が分娩のときに夫が一緒にいてくれると気が休まると考え、また出産に立ち会った男性は子育てにより積極的に参加するようになる。これは申し分のない魅力的な提案に思える。両親にとっても、人生で最も劇的で、心が揺さぶられる瞬間を分かち合うことができるのだ。自分がその機会を逃していたらどんな気持ちになっていたかなんてことは、私には想像もできない。

かつて家の中でわが子の誕生を迎えていた男性たちは、出産の場が家から病院に移ると閉め出されるようになり、その傾向は一九三〇年代に加速した。[12] 一九六〇年代には白人の子の九九%、非白人の八五%が病院で生まれるまでになっていた。これで分娩はより安全に、そして子供は健康に育っていくと思われた。妻と専門家の一団が出産に臨んでいる間、締め出しを食った父親は待合室の中を一人いったりきたりするばかりだった。

テレビドラマ「アイ・ラブ・ルーシー」の再放送を楽しんで見ていた方なら、ルシル・ボール演じるルーシーが妊娠した回を覚えているだろう。この回が最初に放送されたのは一九五〇年代の前半で、シチュエーション・コメディで妊娠が取り上げられるのは、まだ珍しい時代だった。妊娠の回は七話にも及んだが、それはたんに、これから母親になる女性を描いたドラマにとどまるものではなかった。夫であるリッキーの反応にも触れられていたからだ。ある回で、リッキーは自分が陣痛に苦しんでいると思い込んだ（擬娩がテレビドラマで扱われたのはおそらくこれが最初だろう）。そこでルーシーは、友人のフレッドとエセル夫妻と一緒に、夫の気分を和らげようと「新米お父さんパーティー（ダディ・シャワー）」を開く。しかし、いざ子供が生まれる段になって病院に駆けつけると、リッキーは待合室に留め置かれ、書類にサインをし、分娩費用を支払い、あとは部屋の中をうろうろするばかりだった。

一九六〇年代には、男たちも出産に立ち会いたいと声を上げるようになった。病院側としては分娩室に男性が入る余地がないと、反対するところが多かった。「最初は……」歴史家のジュディス・リーヴィットは、出産環境活動家のエリー・レイコウィッツの言葉を引用してこう記している。「父親の分娩室での立ち会いを許可することについて誰も責任をとろうとしなかった。医者はそれは病院次第だと言い、病院は医者に責任を転嫁しようとした」。もし、男性が出産に立ち会うことが許されるとするなら、それは「そのときに産科病棟が混みあっておらず、同室で別な出産も行われておらず、さらに出産前講習を事前に受けていたなど、もろもろの条件を満たした場合に限る」といった具合だった。

男性が分娩室に自分の居場所を確保するようになっても、自分の子供の誕生の瞬間に立ち会うことは依然として認められなかった。だが、わが子の誕生になんとかして立ち会おうと、驚くべき手段に出た父親もいる。一九六〇年代にオレゴン州ポートランドでバスの運転手をしていたある男性が、出産の際に待合室で待つことを拒否し、自分もその場に立ち会う権利を求める訴えを起こしたのだ。裁判で彼が自分の主張を展開すると、法廷内は拍手に包まれたという。一九七五年までには、アメリカ国内の病院の四分の三が男性の分娩室への入室を認めるようになったが、南部は例外で、四分の一にも満たなかった。

それでも多くの産科医は、医学的な判断にはちゃんと根拠があるのに、それを理解もせずに素人が異を唱えるといって、眉をしかめた。ある医師は、夫が鉗子を使わせようとせずに、母子に何かが起きれば命はないと思えと脅されたことを明かした。また、別の医師は「今朝の出産で、立ち会っていたくそいまいましい父親がピトシン（＝オキシトシン、子宮収縮ホルモン）の投与を止めさせようとしたんだぞ」と看護師を叱りつけた。その医師は警察に通報して夫を部屋から退出させた。不快に思った医師もいたが、一九七〇年代の終わり頃には制限はだいぶ緩和され、産科医、看護師、助産婦の協会、そして病院側は男性の立ち会いを推進するようになっていた。

父親が皆こうした展開を好んで受け入れたわけではない。なかには、子供が生まれてくるときに、羊水につかり、血まみれの姿を見てショックを受けたという男性もいた。ある人は自分の赤ん坊が「生まれたてのネズミのようだった」と言った。だが、すぐに研究者たちは、父親が分娩室にいることによって起きる、興味津々かつ意外な副次的効果に注目し、それをチャート化し始めた。女性たちは、出産時の痛みが軽くなったとか、鎮痛剤も少なくてすんだと報告した。また、泣くことも少なくなった――だがその代わり、父親が泣く姿が以前より多く見られるようになった。

ある看護師は、そうなったのは、新生児の手足の指がちゃんとあるかを確認するという、心配の多い仕事を父親が引き継いだからではないか、と私見を述べた。胸を張って言えるが、私はこの仕事を子供が生まれるといつも真っ先にやりとげた。アプガースコア〔新生児の健康状態を示す指数〕の心配は医者にまかせていた。私には私なりのチェックリストがあったのだ。

そうした確認作業に加えて、今では、父親がその場にいること自体が大切だと言われている。出産に立ち会った父親は、子供により愛情を注ぎ、のちに子育てについてもより熱心に関わるようになる。このような変化は、父親だけではなく、母親にとっても、それからこれが最も大事なことだが、子供にとっても大きな利益を与えているように思える。父親を分娩室に入れることが誰も予期せぬ恩恵をもたらしたのだ。

一九七〇年代の終わり頃、父親にとっての最後の壁として立ちはだかっていたのは、帝王切開の手術室への入室許可だった。一〇年の間にようやく父親の入室が認められるようになっていたが、分娩室で何時間も妻と共に過ごすようになったものの、産科医が帝王切開による出産をしなければならないときだけ閉め出されていた。女性たちは男性の立ち会いを許可するよう主張した。一九八〇年代後半でも多くの病院が父親を手術室から閉め出していた。

私の最初の子供が生まれたのは一九八一年。産科医が緊急帝王切開を指示すると、私は看護師の手を借りながらぎこちなく手術衣に袖を通し、マスクを着用した。それからカーテンで仕切られた向こう側のスツールまで、そっと歩いて腰をかけた。つまり実際の出産を見ることはできないようになっていたのだ。だが、いざ誕生の瞬間、私はズルをした。立ち上がってカーテン越しに産科医が切開した箇所から泣き声を上げ、しわだらけで、ロウのように白いわが息子を取り上げるのを見ていたのだ。もし、彼が生まれてくるのが二、三年早かったら、おそらくそれを見ることは叶わなかっただろう。本書のための情報収集を始めて、ようやく私はそのことに気づいたのだった。これまでに帝王切開の現場に立ち会ったのが五回ある。毎回カーテン越しに見てきたので、医師免許をもっていないから実行はしないが、自分でもやれるかもしれないと少し思っている。

不倫と遺伝子

私はこれまでに数多くの出産に立ち会ってきた。なにしろ、最初の妻との間には三人の子供（と言ってももう大人だが）がいて、現在の妻との間には二人の子供がいるのだ。私のように結婚を二回以上経験している人間は、人類学の重要な見解に対する挑戦だと受け取られることがあるかもしれない。その見解とは次のようなものだ――人類においては一夫一婦制が支配的である。[13] とはいえ、人間の一夫一婦制は柔軟性を備えている。ある人類学者は、それをこんなふうに表現している。人間の配偶システムは、「短期型の結びつきと長期型の結びつきを混合したもので、どちらの型においても、公然（集団構成員がみな知っている）、もしくは秘密（集団構成員の大半が知らない）の形をとる」[14]。感情を排した表現だが、ひとたび現実の世界でこのシステムを眺めてみれば、そこには無数の喜びや苦悩がひしめいていることだろう。だが、何と呼び表そうと、それが私たちの培ってきた配偶システムであることには違いない。繰り返しになるが、動物たちが一夫一婦制や父親による子育てにどう対応しているのかを調べることは、私たちが自分自身について理解するのに役に立つ。自分の生態から完全に抜け出すことはできないのだと、否が応でもわからせてくれるのだ。

一夫一婦型で、父親が子供の面倒をよく見る動物として最も有名なのは、鳥類だろう。コウテイペンギン以外にも、多くの種がそうした行動をとるという。心理学者のデイヴィッド・バラシュとジュディス・リプトン夫妻は、*Strange Bedfellows*〔『奇妙な連れ合い』〕という著書の中で、鳥類のうち九二％の種が一夫一婦型であり、それとほぼ同じ割合の種で父親が子育てをよくすると推定される、と報告している。

だが、鳥類は外からそう見えるほど一夫一婦型ではないのかもしれない。いくつかの種は、人間にはお馴染みの、ちょっとした柔軟性のある行動をとっているのだ。鳥にも不倫があるのではないかという疑念は、一九七〇年代、クロウタドリの生息数を抑制するために行われたオスの不妊手術をきっかけに芽生えた。なんと、パイプカットされたオスと交配したメスが産んだ卵が孵ったのである。ここから考えられるのは、パイプカットされたオスに医療ミスを訴える余地があるのか、あるいは鳥の世界には何やら胡散臭いものがあるのか、そのどちらかだった。遺伝子技術が向上し、巣の中にＤＮＡ鑑定が持ち込まれると、疑念はさらに深まった。ハクチョウは、一夫一婦型の仲良し夫婦の麗しい事例だと長いこと信じられてきた。だがその神話も、オーストラリアに生息するコクチョウ（ブラックスワン）の遺伝子研究によって崩れ去ることになる。[15] コクチョウの子の六羽に一羽が、つがいの相手ではないオスを父親としていたのだ。バラシュとリプトンによると、鳥類の場合、一〇〜四〇％の子が不義密通の結果、つまり、つがいの相手以外の子であるという。

多くの鳥の父親に見られる思慮深い行動は、おそらくは祖先である恐竜の時代にまでさかのぼる。七五〇〇万年前に生息していた鳥に近い恐竜オヴィラプトルをはじめ、恐竜のいくつかの種で、卵に覆いかぶさるような姿の化石が見つかっている。[16] では、卵を抱いていたのは母親なのだろうか、それとも父親なのだろうか？　丹念に骨を調べた研究者によると、それはオス、つまり鳥類の祖先の父親であるようだ。鳥たちは空の飛び方を覚える以前に、父親になることを学んでいたのだ。

母親が自分の子にできる限りの世話をするのは、一つには、巣の中のひなであれ、ベビーチェアの赤ん坊であれ、そこにいるのが自分の子供であるという確信があるからだ。母親たちは、子が誕生したときに生物学的なつながりを目撃し、感じるのである。父親の場合、いつも心の片隅に疑念のようなものを抱いている。そこで確率を計算するはめになる。自分の子だという確信があるなら、その子を育て、遺伝子を残していくことが、進化の上で意味がある。少しでも疑っているなら、オスが別なメスをさがして子作りをしようとするのも納得がいく。その方が、赤の他人ではなく、自分自身の子を育てるチャンスがより広がるからだ。

ハクチョウならば簡単にだませるかもしれないが、人間はそうはいかない。実際、育てているのは本当に自分の子供なのかと疑い、DNA鑑定を受ける男性が増えている[17]。ある報告によると、鑑定を受けた男性のうち、三〇%が自分の疑念が正しかったことを証明できたという。もちろん、この数字が全人口に当てはまるわけではない。鑑定を受けるのは、もともと怪しいと思っていた人たちだからだ。とはいえ、それにしても大きな数字だ。アメリカ国内でどれくらいの子供たちが、わが子だと「思い込んでいる」男たちに育てられているのかは、定かではない。それを確かめるための研究に自ら進んで手を挙げる父親は、めったにいないだろう。

女性が一年で産める子供の数は、ふつう一人だけだ。一方で男性は、少なくとも理論的には、好きなだけ子供をもつことができる（関係した女性それぞれに一人ずつ産んでもらえばいいのだから）。このようなパターンは、オスの方がメスよりも概して大きい動物に見られるものだ。もちろん、人間もそこに含まれる。こうした種では、オスは攻撃的で、複数のメスを手に入れるために争い、メスよりも子育てに資源を注がない傾向にある。人間の場合、オスとメスの間にそれほど大きな違いがあるわけではなく、たとえばゾウアザラシはオスがハーレムを形成するが、人間の男性でハーレムをもっている人はまずいない。これと正反対の傾向は、一部の鳥類に見られる。すなわち、メスが複数のパートナーを所有するのだ。人間は、こうした鳥類とゾウアザラシのちょうど中間付近にいると言えるだろう。ただし、男性は女性よりも複数の相手を探し求め、お互いに争い合い、子供への投資も女性より少ない。それがそのまま、男と女に抱く私たちの概念に反映されている。

そうしたステレオタイプには異を唱えたくなるが、一方で私たちは、女性よりも男性の方が、たとえ結婚生活が続いていたとしても、道を外れたり無分別な行動に走りがちだとみなしている。とはいえ、バラシュとリプトンが指摘するとおり、腰の落ち着かない男性が自らの不義を遺伝子のせいにして言い逃れることはできない[18]。私たちは進化の制約を乗り越え*られる*のだ。と同時に、望みさえすれば、夫婦がいつまでも貞節でいられると期待するのも合理的ではない。自分の経験、そして人類の歴史が語るように、人間は自分の生物学的条件から完全に逃れることはできないのだから。夫婦が離婚の申し立てをするのは、人類以前の先祖から受け継いだものが理由ではない。不貞や暴力、放棄が原因で結婚生活の破綻を訴えるのだ。しかし、祖先が何かしらそこに関わっているのもまた事実である。

父親に組み込まれた計り知れない柔軟性

サルは人間よりも進化から受け継いだものに支配されやすい。それでも条件さえそろえば、サルたちもまた遺伝学的素因から脱却することができる。父親が子にほとんど、もしくは何の関わりをもたない種でも、オスが父親としての役割をこなそうとすることが、これまでの実験で明らかになっている。[19] 国立衛生研究所のスティーヴン・スオミは、アカゲザルの研究に日々を費やしてきた。「父親の影響力を学ぶことにおいて、アカゲザルはおそらく最悪の種でしょう」とスオミは言う。「メスはオスを絶対に子に近づかせようとしません。彼らを追い払ってしまいます」。アカゲザルのオスは青年期に近づくと、自分が生まれた群れを離れ、新たな群れをさがす。そして新たな群れで、別なオスとメスをめぐって争う。それがアカゲザルの社会構造である。父親というものがアカゲザルにとってまったく重要ではないと彼が言うのは、簡単に理解できる。

しかし、こうしたサルでさえ、その機会が生じれば良き父親になる可能性がある。これに関してスオミは、カリフォルニア大学デイヴィス校にある、カリフォルニア霊長類研究センターのウィリアム・レディカンが四〇年にわたって行った研究を挙げている。レディカンは、アカゲザルの赤ん坊を母親から引き離して父親のそばに置いた。父親は授乳できないために、レディカンが自分の手で食事を与える。こうして彼は七ヶ月にわたり母親と仲間から引き離した状態の父親と子のデータを収集した。メスから追い払われることがなくなると、オスは驚くほど良き父親となった。オスたちは二つの例外を除けば、ほぼメスと同じことをやってのけた。一つは当然のことながら、父親にはできない授乳。そしてもう一つは、メスよりもはるかに子供と遊んだということだ。「母親は子供とあまり遊ぼうとはしません」とスオミは言う。

　レディカンはその発見について、誇張した表現をしている。「オスと赤ん坊の意思疎通で目を見張る一面として現れてきたのが、遊ぶということだった」[20]。そしてこう記した。「この遊びの頻度と激烈さは、予想をはるかに超えるものだった」。オスの子はメスの子よりも父親と長い時間遊んだ。さらに遊び方も興味深いものだった。「ギュッとしがみついたり、甘噛みをしたりする合い間に、たいていの子は逃げ出そうともがく」。そして、檻の一番遠い一角に駆け込み、父親に対しておどけた表情を作ったり、叩いたりする。「その後で、たいていの子ザルはオスザルの懐に、時には顔に向かって飛びつこうとし、またしがみついたり、甘噛みしたりを始める」。他の動物に対する研究結果とともに、これらの実験は、動物の生態には父親になるための準備が——アカゲザルのオスのように、それが許されない種の場合でも——組み込まれている、という考え方を強固にするものだった。だが、レディカンは人工的に作られた環境の中での父ザルの柔軟性に感銘を受けた。「動物の行動のレパートリーの範囲に関して安易な結論を下すことの我々の愚かさ、そして多分に傲慢さを思い知らされる」と彼は結論づけている。

　これは、人間の子育てについて考える上でも胸に刻んでおくべき教訓だ。レディカンのアカゲザルの父親がそうだったように、人間の父親もまた並外れた柔軟性を発揮する。周囲の支援がないとき、父親は奮闘して、はるかに多くの役割を受け持つようになるのだ。ここで大切なのは、動物であろうと人間であろうと、オスもまた子育てに深く関われるということだ。そして関わり方の深さは、それが中断されたときに何が起きているかで判断できる。男性の産後うつは、その起こりうることの一つであり、それによって父親が子供に対する感情的なつながりから引き離されてしまう場合がある。私たちは、母親の産後うつについてはある程度理解してきたが、父親もまた産後うつに苦しむことがあるという認識が、ここで新たに加わったのだ。

男性の産後うつは、私たちが思っているほど珍しいものではない。パートナーの出産後に中度から重度のうつを患う新米パパは一〇人に一人の割合でおり、男性全体のうつ病患者が三〜五%であることを考えると、これは驚くほど高い[21]。このような状態になった父親は（うつになった母親のように）、赤ちゃんに読み聞かせをしたり、話しかけたり、歌を歌ったりといった行為が少なくなる。ある研究によると、父親がうつになった子供は、二歳の時点で、他の子供に比べて語彙数がはるかに少なくなるという。一方、母親がうつの場合には、こうした関連性は見つかっていない。また男性の産後うつは、数年後の子供の素行問題や活動過剰につながっているともいう[22]。重度のうつを患う父親をもつ子供は、そうでない子供に比べて、行動問題を示す割合が八倍多く、他人との付き合いに困難を感じる割合は三六倍多い。父親の身に起きたことが、その子供の身にも影響を与える場合があるのだ。

ランバートのマウス、コウテイペンギン、そしてタツノオトシゴが作り上げてきた父親の形は、どれも独特のものだった。そして私たちは、そのすべてから、親であるとはどういうことか、人間の父親は他の動物の父親とどこが違うのかを学ぶことができる。何より重要なのは、動物の子育て、一夫一婦制、うつの研究がことごとく、父と子の密接なつながりに言及していることだ。もちろん、子供とのつながりが大切といっても、わが子を日がな一日おんぶしていたら、膝を悪くしてしまうことだろう。また、柔軟な一夫一婦制というスタイルも当分変わることはないと思われる。だが、私たちは前進している。「アイ・ラブ・ルーシー」の夫リッキーと一緒に、産婦人科の待合室に足止めされることはもうない。これはとてもありがたいことだ。それに、職場環境が変わったことで、以前よりも多くの父親が子供と過ごす機会を頻繁にもつようになった。これについても感謝すべきだろう。もし何か失敗した場合でも、それを祖先のせいにしてはいけない。むしろ、先祖が私たちに与えてくれたものを祝福しよう。与えてくれたものとは、つまり、人類がこれからも生き延びていくためには、父親が子供に関わることがどうしても必要だという事実だ。次章で見るように、妊娠前から準備を始めること、妊娠中に父親が関与すること、分娩室に父親が立ち会うことはどれも、父親が赤ん坊との関係を築き始める上で良いスタートになる。

5　乳児期――作り変えられる父親の脳

　ここまで何度も指摘してきたことだから、またしても蒸し返しになるが、子供の発達の研究において、父親はしばしば蔑ろにされてきた。このことは、研究室でなされる育児や親業に関する議論や、小児科の待合室に女性誌しか置かないといった態度のうちに見ることができるだろう（ちなみに、女性誌ではなくスポーツ・イラストレイテッド誌がお望みなら、泌尿器科の診察室に置いてあるはずだ）。私はその反対のことをして、つまり母親を蚊帳の外に置くことで、吊るし上げられたくはない。事実、赤ん坊を迎え、子育てが始まる時期を論じる上で、母親を無視することはできない。

　父親だけで子育てはできない。たとえシングルファーザーであっても、子育ての形は、子供の気性と反応、子供が一人なのか二人なのか、あるいはもっと大勢いるのかなどで決まっていく。両親がいる家庭であれば、カップル間の関係が子供との関係にも大きく影響する。父親の子育てや母親の子育てを、二人の人間――どちらか一方の親と子供――しか関与しない活動だと考えている人がいるならば、きっと多くの研究者によって根本的な誤りを指摘されることだろう。現実には、家族は全体で一つのユニットとして機能する。したがって、一人の親と一人の子供のケースを研究しても、そこから多くのことを結論するわけにはいかない。

ところが、研究者たちは長年にわたってそうしたケース、いわゆる「二者関係（ダイアド）」という観点から子育ての研究をしてきた。しかも、ほとんどの場合、重要な二者とは母親と子供のことだと信じられており、父親は完全に閉め出されていた。それを変えるきっかけとなった人物の一人が、サルバドール・ミニューチンだ。ミニューチンは、一九七四年に刊行した ***Families and Family Therapy***〔『家族および家族療法』〕の中で、家族を一つの入り組んだシステムと見るよう初めて提案した[1]。そのシステムでは、それぞれの部分が、他のあらゆる部分に影響を与えるのだという。たとえば、自動車が走るメカニズムは、キャブレターやマフラーやシリンダーブロックを個別に調べたところで、ほとんどわからない。その他のトランスミッションやドライブシャフトなどのパーツと共に、すべてをひっくるめて考える必要がある。それと同じことが家族の場合にも当てはまると、ミニューチンは主張したわけだ。誰がおむつを替えるか、誰が皿を洗うか、誰がしつけを担当するかといった細かいことに、彼はほとんど関心を払っていない。ミニューチンにとって重要なのは、家族というシステムが機能すること、両親がお互いにしっかりとした信頼関係を築き上げていることだった。

役割分担を細部まで決めておくことに意味がないと言っているのではない。実際それは大切なことだろう。だが、何よりも重要なのは、両親が計画を立てていることだ。その計画では、目的が共有され、自分たちに合った仕事の割り振りもされている必要がある。おむつを替える作業を二人で平等に分担すること自体は、さほど重要ではない。例外は、自分の方が負担が多くて不公平だと感じた者が癇癪を爆発させてしまう場合だが、そこで問題になるのは、二人が計画に同意していなかったことであり、おむつの山に身動きがとれなくなっていることではないのだ。

心理学者のユリー・ブロンフェンブレナーは、家族「システム」に対して別の考え方を提示している。ブロンフェンブレナーは、自著 *The Ecology of Human Development*〔『人間発達の生態学』（川島書店）〕の中で、家族とは小さな生態系（エコシステム）であり、その構成員は、池のまわりに集まる昆虫、植物、魚、樹木、鳥のようにそれぞれ独立していると考えるべきだと述べたのだ。ちなみに、この本が出版されたのは先のミニューチンの本と同じく一九七〇年代だが、この年代は、その後数十年におよぶ父親研究ブームの先駆けとなったマイケル・ラムによる研究が開始された時期でもある。

子供が生まれた後のアイデンティティ

しかしながら、家族システムが常に滞りなく機能するわけではない。たとえば、親になったことのないカップルは、子供の誕生をきっかけに環境がどれほど変わるかをいつも予測できるとは限らない。フィリップとキャロリンのコーワン夫妻——前章で見たように、彼らは子供の誕生をきっかけに結婚生活が破綻しかけた当事者だった——は、新たに親になるカップルを対象とした、ある調査をしている。その調査ではまず、これから親になるカップルに生活における様々な自分の役割（働き手、友人、母、娘、父などなど）について考えてもらった。そして、それらの役割に費やす時間ではなく、自分が重要だと思う度合いを円グラフ内に書き込んでもらった。[2] すると、女性が「母親」という役割に対して割り当てた比率は、男性が「父親」の役割に割り当てたものより、ずっと大きいことがわかった。女性は、妊娠後期の時点ですでに「母親」の役割に平均で一〇%を割り当てたが、これは男性が「父親」に割り当てた数字の二倍にあたる。

この調査は一九八〇年代のものであり、今日の親たちに同じ質問をすれば、やや違った結果が出るかもしれない。だが、ここで興味深いのは、円グラフが示す結果そのものではなく、出産後にカップルの考え方がどう変わったかという点だ。子供が生まれ、母親と父親になってから改めて同じ質問をしたところ、当然のことながら、親としての役割の比率は高まった（それでも「父親」の比率は、「母親」に比べて三分の一以下だったのだが）。ここで奇妙なことが明らかになった。子供が六ヶ月を迎えた時点で、「父親」により多くの比率を割り当てた女性の方が、そうでない男性よりも自尊心（自己肯定感）が高く、反対に、「母親」に多くを割り当てた女性の自尊心は低い傾向にあったのだ。「自分自身に満足している男性は、他の主要な心理的役割を放棄することなしに、父親というアイデンティティに対して、より多くのエネルギーを注ぐことができるようだ」とコーワン夫妻は結論づけている。「エネルギーを注いだ分、父親は親子関係から何かしらのものを取り戻す。それがまた、彼らの自尊心を良い方向に保つ助けになるのだ」

女性には、このような見返りは見られなかった。また、調査に参加したカップルの赤ん坊が六ヶ月の時点で、女性が仕事に対して割り当てた比率は一八%、男性は二八%だった。フルタイムで働く女性でも、「母親」の比率は「働き手」に比べて五〇%も高かった。だが、父親の円グラフは劇的に違っている。仕事が生活において占める比率は変わらず、「父親」の役割は仕事よりも常に小さいものだった。

良き父親であることから男性は明らかに何らかの見返りを受けており、それは女性が良き母親であることから受け取るものとは異なっているのである。

面白いことに、「パートナー」の役割の比率は男女共に低下した（みなさんの予想どおりかもしれないが）。女性は、妊娠中に三四％だったものが生後六ヶ月の時点で二二％に、男性は三五％から三〇％に下落したのだ。ここで特筆すべきは、「パートナー」の比率を誰よりも多く割り当てていたカップルは、自尊心が最も高く、子育てのストレスが最も低かったことである。

乳児からの信頼

コーワン夫妻は父親にいち早く注目した研究者だが、その研究も、ジョン・ボウルビーの愛着理論の影響力に脅かされながらのものだった。ボウルビーは、母親と赤ん坊がお互いに経験しているような愛着は、父親には形成できないと考えていたのである。とはいえ、そのボウルビーをはじめ、乳児期に父親が重要ではない証拠を見つけた研究者は一人もいなかった。さらに問題は、その証拠を探すための研究すら誰もしていないことだった。

愛着理論および、そのなかで展開される父親軽視に最初に疑問を投げかけた一人が、ハーバード大学の心理学者ミルトン・コテルチャックである。「子供は唯一母親と精神的なつながりをもつという考えの裏づけとなる、確たる証拠はどこにあるのか？」一九七〇年代、コテルチャックはこう疑問を投げかけた。精神科医や心理学者の大半が父親は必要ない、もしくはあまり重要ではないという考えに囚われていた当時にあって、これは過激な問いかけだった。

コテルチャックは、ストレンジ・シチュエーション法と呼ばれる心理学の実験法を用いて、四つの研究を行った。[3]この実験法はメアリー・エインスワースが愛着を評価するために考案したもので、一般的には、大人たちが部屋を出たり入ったりする際の、子供とその母親と見知らぬ大人が相互に与え合う影響を観察する。典型的なものとして、母親が部屋を出ると、赤ん坊は見知らぬ大人にあやされるのを嫌がって泣くが、戻ってくるとすぐに泣き止むというパターンがある。こうして母親に対する愛着が示されるというわけだ。コテルチャックはそこで、部屋を出入りする人物に父親を加えた。その上で、大人の組み合わせを変えると何が起こるかを記録してみた。赤ん坊は両親のそばを離れず、母親にも父親にも笑いかけ、声を発して、交流をはかった。その一方で、見知らぬ大人とは距離を取り続けた。見知らぬ女性が部屋を出ようとしても、嫌がるそぶりは見せなかった。だが、両親のどちらかが部屋から出ようとすると、むずかった。「子供にとっての安全と交流の基盤として、母親と父親は共に幅広い役割を果たしている」とコテルチャックは書いている。

しかし、反応の差も見られた。具体的には、およそ半数の乳児が父親よりも母親を好み、四分の一は反対に父親を好み、残りの大多数は両親のどちらも同じくらい好きだという素振りを見せた。女児でも男児でも、この結果は変わらなかった。

セッション後に両親に対して行った聞き取り調査で、コテルチャックは家庭内での育児の分担について質問した。すると驚いたことに、ボストンで暮らす中流家庭の父親のうち、日々の決められた担当があるのは二五％にすぎなかった。半数近くはおむつを取り替えたことすらなかったのだ。だが、実験のデータと家庭での育児に関する情報との間には有力な結びつきが見られた。つまり、ストレンジ・シチュエーション法を用いた実験で父親になついていないように見えた乳児は、父親の育児への関わりが最も少ない家庭の子供たちだったのだ。

コテルチャックの直後に研究を始めたマイケル・ラムは違う方法を採用している。彼はストレンジ・シチュエーション法には目もくれず、実際に家の中で何かしら不安を感じ、抱っこしてほしいときに乳児はどんな行動を見せるかに目を向けた。たいていの親は知っていることだが、乳児は自分と関係のある人間がまわりにいるときは、他人から抱っこされたり、あやされたりすることを、たとえ両親の友人でも嫌がる。ラムは一〇人の男児と一〇人の女児を選び、家の中で両親と一緒にいるときの様子を観察することにした。最初は生後七ヶ月、次に八ヶ月の時点でもう一度行った。それぞれの観察時間は二時間程度だった。

その結果わかったのは、両親が子供と遊ぶ時間は同じくらいだが、子供の反応は父親に対する方がより積極的だということだった。また、父親は身体を使った独自の遊びをする傾向があることもわかった。母親の方が、父親よりも抱っこしている時間は長いが、子供と一緒に遊ぶのは父親の方が多い。そして乳児は、明らかにその違いを識別していたのである（とはいえ、母親と父親に対する反応の違いは、愛着理論が予測していたほど、あからさまなものではなかった）。

ラムによって見いだされた父親と乳児の密接なつながりについては、近年の研究によってさらに幅広く理解されるようになっている。父親は、母親と同様に、見ることも匂いをかぐこともできない場合でも、自分の子供を触れただけで識別できる。生まれたばかりの赤ん坊に六〇分触れていただけで、その後は手に触っただけで自分の子供かどうかがわかるというのだ。母親は実験の前により多くの時間を子供と過ごしていて、わが子を顔でも見分けることができたが、母父ともに手を触ったときが一番良い結果が出た。

ラムとそれに続く研究者たちは、私たちの多くが直観的に知っていたことをついに立証してみせた。それは、父親は子供が生まれたときに母親と同じ高揚感を味わい、子供から離れるときには不安になり、また同じように子育てに励み、注意を払っているということだ。[4] また父親は、赤ん坊の空腹のサインに気づき、ゆっくりと話し、赤ん坊の言ったことを繰り返しながら赤ちゃん言葉でコミュニケーションをはかる。[5]

泣き声に対する脳の反応

とはいえ、父親と母親の間にはいくつかの点で違いも見られる。赤ん坊の泣き声に対する反応もその一例で、[6] ミシガン大学の児童青年精神科医、神経科学者であるジェイムズ・スウェインによって研究が進められている。この研究ではまず、乳児の泣き声を聞いた母親の脳内でどのような変化が起きているかをｆＭＲＩ（機能的磁気共鳴画像法）を用いて調べた。ｆＭＲＩスキャナーを用いれば、脳の様々な領域の活動を把握することができる。スウェインが知りたかったのは、乳児の泣き声と、乳児が発したものではないが同じように不快な音に対する脳の反応に違いがあるのか、そして、自分の子供とそれ以外の子供の泣き声に対する反応に違いがあるのか、ということだった。それを調べれば、母親がどれくらいわが子の気持ちを読み取れるのかを計測できるはずだ（この母親の共感能力は乳児にとって特に重要である。というのも、乳児は自分の重要な要求をもっぱら言葉に頼らず伝えなくてはならないからだ）。

最初にスウェインは、初産の母親を対象にして、自分の赤ん坊の泣き声を三〇秒間聞かせた場合と、同様のパターンと強度をもった音を三〇秒間聞かせた場合の脳の反応を比べてみた。この実験は生後二〜四週間と一二〜一六週間の二回にわたって行われ、父親にも同様の検査をした。その結果わかったのは、親の脳は自分の子供と他人の子供の泣き声に対してかなり違った反応を示すということだった。託児所に大勢の赤ん坊がいても自分の子供の泣き声は聞き分けられると主張する親は多いが、この実験はそれに科学的なお墨付きを与えることになったのだ。いくつかの脳の領域では母親の方が父親よりも活性化していたが、自分の子供に対する反応は両者ともポジティブなものだった。

私がスウェインに会ったのは、ミシガン大学のノースキャンパスにある近代的なオフィスでのことだった。スウェイン――自分はまだ親ではないが、最近結婚したので「そうなるかもしれません」と言っていた――は長いこと、人類の成長と発達、そして人間も含めた動物が、地上に誕生した瞬間からどのような発展を遂げたのかに関心を抱いてきた。この手のテーマは、特に子供の行動が遺伝子によるものなのか、環境によるものなのか、あるいはその両方なのかがわかりづらいこともあり、研究しづらいものである。

スウェインは、研究者たちがまんまと一杯食わされた昔のケースを教えてくれた。その研究では、母ラットが頻繁に子を舐めると、その子ラットも成長すると同じように自分の子を舐めるようになることが示されていた。同様に、あまり舐めない母親の場合は、子もそうした傾向を受け継いだ。「誰もが遺伝によるものだと思っていました」とスウェインは言う。あまりにもわかりやすい話なので、出来すぎだと思う人もいるかもしれない。だが、この種の研究結果は、幼少期の関係によってどんな大人になるかが決まるとするフロイトの概念を研究者たちが捨て去るようになると、次々に現れるようになった。遺伝子こそが、人間の子供や動物の発育における最も重要な要素だと見られ始めていたのだ。

しかし、そうした思い込みは別の実験を行うことですぐに霧のように消え去った。「子を入れ替えてみたのです」とスウェインは説明する。頻繁に舐める母親をもつ子ラットをあまり舐めない母親と一緒にし、その逆も試してみた。すると、行動の違いを左右しているのが遺伝子ではないことがすぐにわかったという。「行動を決めていたのは環境であり、遺伝子は関係なかったのです」。子ラットは、生みの親ではなく、育ての親から行動を受け継いでいたのだ。それだけではない。スウェインによると、「舐める、毛づくろいをするという行為は、何らかの摩訶不思議な過程を通じて、海馬にあるコルチゾール受容体の発現に変化を生じさせます。母親によく舐めてもらった子ラットでは、こうしたストレス受容体の発現を調節する遺伝子が変異し、その結果ストレスに強くなるわけです」ということだ。舐めるという行為が、脳に実質的な変化をもたらす力をもっていたのである。良き父親にとって遺伝子が部分的な役割しか担っていないことを思い出させる点で、この実験は大切なものと言えるだろう。

親は誰でも強迫性障害

医学部を卒業したスウェインは、強迫性障害の権威であるジェイムズ・レックマンの下で研究すべくイエール大学に移った。当時レックマンが追求していたのは、育児とは実は特殊な形の強迫的行動なのではないかという考えだった。強迫性障害に悩む人たちは、際限なく手を洗ったり、ドアが施錠されているかをいつまでも確認したりなど、同じ行動を何度も繰り返す。私はスウェインに尋ねてみた――眠っている赤ん坊がちゃんと息をしているかを一〇分おきに確認した経験が自分にも一度ならずあるが、それも似たようなものなのでしょうか？　それに対するスウェインの答えは、子供が生まれた後に数日から数週間にわたって両親に見られる軽度の強迫的な行動は、その子の生存率を大いに引き上げる役割を果たしている、というものだった。つまり、私の頭がおかしくなっていたわけではなかったのだ（完全に問題ないとは言い切れないが）。しかもその強迫観念は、少なくとも部分的には良いことなのだという。私は、自分が強迫観念に駆られていたのではないかという強迫観念をきっぱり捨てることにした。そんなものにいつまでもしがみついているよりは、いつか年老いて、道路を渡るために子供の腕にしがみつくときの想像でもしていた方が、ずっとましだと思ったのである。

育児は強迫観念であるという考えに可能性を見いだしたレックマンは、その研究に本格的に取り組むことにした。レックマンは同僚と協力して、四一組のカップルを対象に、出産前、出産後二週間、三ヶ月の時点での聞き取り調査を行った。質問の内容は、赤ん坊の健康や成長に関してどう思うかに始まり、赤ん坊の様子を確かめる回数、おむつを替える回数、あやす回数、子供の将来、自分が親になることについての考え、赤ん坊と遊んだり話しかけたりする頻度、心配、不安、パートナーの健康といったものにまで及んだ。

その結果、親というものは子供のことで頭がいっぱいだとわかったのは別に驚くことではないだろう。

母親は一日で平均一四時間、父親は平均七時間、子供のことを考えていたのである。研究者が予測していたとおり、こうした子供に対する傾倒は出産後二週間でピークに達し、三ヶ月が過ぎたあたりで低下していた。その影響は母親の方に強く見られるが、父親も負けてはいない。父親の場合は、妊娠八ヶ月あたりから出産時にかけて子供への関心が急激に増大するのだという。子供の誕生は、「両親の精神状態の変化につながる。……この時期は感受性とこだわりが増す。また責任が増え、可能な限り物事を完璧に進めなくてはならない時期でもある」。生まれる前は、「身体的な先天異常、精神遅滞、健康障害をもって生まれてくるのではという想像や侵入思考を両親は絶えず経験する。……子供が生まれた後は、心の中に巣くっていたそうした心配事の代わりに、赤ん坊を落としてしまうのではとか、ペットや野生動物に襲われるのではなどと恐れ、自分たちの怠慢や認識不足によって、わが子が怪我をしたり病気になったりするのではという恐怖に支配される」

もしかしたら、こうした「侵入思考」が問題になりうることを納得するのに、レックマンの研究を持ち出す必要はなかったのかもしれない。というのも、私自身も何度もその経験をしており、それがどれほど気がかりで不快なものかをお伝えすることができるからだ。だが、こうした習性が子供の生存を確実なものにしていくことにつながったという彼の考えに救われる思いがしたのだ。種としての私たち人類の歴史のなかで、乳幼児の死は今よりもずっと多かった。健康管理、食品の安全性、生活環境の変化などが合わさって、乳幼児の死亡率が一%以下になったのは、たかだかここ数世紀の間である[7]。私たちも経験することがある侵入思考は、今では役立たずと思われているようだが、かつては重要なものだった。いや、今でもそうなのかもしれない。初めて子供をもつ親が抱える不安と強迫性障害は、かなり似ている。[8] 違いと言えば、強迫性障害の人間にとって苦しみ以外の何物でもない症状が——ある程度までだが——乳児の世話をする際に、役に立つということだ。私はよく妻に、僕たちの子供に対して抱える不安は、特殊な一過性の精神異常だ、と冗談を言ったものだ。いや、一過性とは言えないかもしれない。私の三人の子が成人となった今、彼らのことが心配で夜中の三時に目を覚ましてしまうということがなくなっても、心の不安が完全に取り除かれたとは言えないからだ。

作り変えられる父親の脳

親の強迫性障害に関するレックマンの研究を受けて、スウェインは最初に母親、次に父親を対象に研究を行った。その実験結果のなかには、関心を集め、論争を招くものもあった。その一つが、母乳を与える母親は粉ミルクを使う母親に比べて、赤ん坊の泣き声に対する脳の反応が高い数値を示すというものだった。[9] また、帝王切開による出産が、母親の乳児に対する反応に影響を及ぼすという研究報告もあった。普通分娩の母親は帝王切開で子供を産んだ母親に比べると、赤ん坊の泣き声に「明らかに素早い反応を示した」という。

父親に関してスウェインが特に関心を抱いたのは、生後二週間から四ヶ月の間に乳児に対する神経質な行動を反映したと見られる脳内の変化だった。母親については変化が実証されているが、父親については検証例がない。スウェインは一六人の父親を対象に、わが子に対する思い、一緒にいるときに感じる愛情といった質問をして、親子間の関係を調べた。また、父親が子供と一緒にいるときの様子を観察した。

父親の脳をスキャンしてみると、子供が生まれてから四ヶ月の間に重大な変化が起きていることがわかった。わが子の写真を見たり泣き声を聞いたりしたときに、前頭前皮質の活動が活発化するなど、母親に見られたのと同様の変化が起きていたのである。[10] これは衝撃的な結果だ。なにしろ、子供をもつという経験によって父親の脳が作り変えられるというのだから！　しかもその変化はむやみに生じているのではない。活動が高まる脳の部位は、父親の意欲や気分、ひいては赤ん坊との関わり合いに関連していると考えられているのだ。

スウェインは現在、こうした変化を引き起こす脳の配線図を突き止めようとしている。「脳の経時的な変化もそうですが、泣き声に反応する基本的な脳の配線にも注目しています」とスウェインは言う。「私たちはまだ、母親と父親の脳の共通点と相違点を見極めようとしているところです。共通点が見つかっているのは二つの部位で、どちらにも面白い特徴があります。島皮質（とうひしつ）は、情動に関する情報を司る重要な中継点ですが、自分の赤ん坊の泣き声と他人の赤ん坊の泣き声に対する反応に直接関係していると思われます」

出産直後の母親の脳では、痛みと情動に関係する深部構造の活動が活性化している。同様の活性化は父親の大脳皮質でも起きたが、出産後二〜四週間に検査したときにはもう見られなくなっていた。「赤ちゃんが夜泣きをしても、父親が寝返りをうって背を向けてしまうことがあるのは、これで説明できるかもしれません」とスウェインは言う。この結果はまた、父親と比べて母親が産後うつにかかる危険性がはるかに高いことの理由にもなるかもしれない。だが、出産後三〜四ヶ月の時点で再び父親の脳を検査してみると、「視聴皮質や深部構造領域で明るくなっていました。けれどそのパターンは複雑で、母親と同じ形ではありません」。父親が自分の子供に反応するように作られているのは間違いない——ほかならぬ脳がそうさせているのだ。

子供の感情に寄り添う

同調傾向（シンクロニー）と呼ばれる現象の研究を通じて、親と乳児のつながりを調べるという方法もある。その研究では、母親と乳児が一対一で向き合っているときに、乳児のポジティブな感情に同調し、盛り上げることができる母親の能力に注目をしている。赤ん坊が楽しいなら母親も楽しく、またその逆も然りというわけだ。イスラエルのバル＝イラン大学の心理学者であり、イエール大学ではスウェインの同僚だったルース・フェルドマンによると、おっぱいを飲んだり、泣いたり、蹴ったりなどの行動にリズムを合わせながら、母親が様々な育児行為を繰り返し行うことができるのは、周知の事実だという。「こうしたリズムを母親は熟知しています。なので母親には、乳児の感情に起きたごく些細な変化にさえ対応する能力が生物学的に備わっていると考えられています」とフェルドマンは述べている。だが、そうした息の合ったやりとりが父親にもできるかどうかは、重要であるにもかかわらずわかっていなかった。彼女はそれを確かめることにした。

フェルドマンは、生後五ヶ月の乳児がいるイスラエル人カップル一〇〇組に研究への協力を呼びかけた[11]。各家族に対して、家庭での様子を三回、母親と子供だけでいるとき、父親と子供だけのとき、そして家族全体でいるときにビデオに収録してもらう。予想されていたとおり、父親と母親はそれぞれのやり方でわが子の心の動きに対処していた。

研究で明らかになったのは、母親と父親は同じように子供の感情に寄り添う能力があるが、子供に違う経験をさせるということだった。加えて、親子の気持ちが一つになる度合いは、母と娘、父と息子でより強くなっていた。

母親と乳児の交流において見られる情動パターンの強度は、低レベルから中レベルの範囲にあり、互いに目を見つめ合ったり、相手の表情や声を真似したりすることで高まっていく。父親の場合その強度はずっと強く、二人でじゃれ合っているときによく見られるように、急激なピークを伴っている。フェルドマンは、両親との情動的なつながりが、子供のその後の人生における人間関係に何らかの形で影響を与えうることを明らかにした。「父親と母親は共に乳児に対する瞬時の同調傾向を発揮する……母親に限ったものではないのである」と彼女は記している。父親と息子のペアには高い同調傾向が見られ、それは二人が遊んでいるときの感情の高まりをきっかけに展開していく。

ここまで見てきた話からは、次の二つの点が読み取れるだろう。父親は明らかに、自分の子供と重要なつながりをもっているということ。そして、子供への接し方が母親とは違っているということである。これを証明する事例が積み上がっていくことで、父親が赤ん坊と過ごす時間は量も質も重要であることを後押しする。子供が誕生して休暇を取得する男性は、のちのち子育てに深く関わる。それが結果的に職場での前向きな評価につながっている[12]。ウィンウィンの関係が、父親と子供と雇用主の間で生まれるのだ。

しかし、父親が働いておらず育児休暇と縁のない家庭はどうなのだろう？　メリーランド大学のナターシャ・カブレラは、貧困家庭――脆弱な家庭とも呼ばれる――では父親と乳児の関係が変わるのかを明らかにしたいと考えた[13]。そこで目をつけたのが、プリンストン大学とコロンビア大学が合同で行った「脆弱な家庭および子供の幸福の研究」だった。この研究は、一九九八～二〇〇〇年にアメリカの主要都市で生まれた五〇〇〇人の子供を対象にしていたが、そのうちの四分の三は、両親が入籍していない子供だった。カブレラの研究チームは、子供が誕生する前に父親とパートナーの心がしっかりとつながっていた家庭は、生後一年が経過しても、さらに三年が経過しても子育てに熱心な傾向にあることを突き止めた。これはたいへん興味深く、有益な発見だった。というのも、脆弱な家庭に手を差し伸べる機会を提供することになったからだ。妊娠中から深く関わることを父親に働きかけることで、出産後も子供の養育に積極的に関わることになる。父親と子供の関係は、出産前から築いておくべきなのである。

夜泣きを減らすには

ここまで見てきたような父親に関する発見の多くは、同様の研究をしている専門家たちの励みとなってきた。そして、それがまた新しい洞察へと絶えずつながってきたのである。そうした洞察のなかでも重要なものが、イスラエルから報告された研究結果である。その研究チームは、ちょうどバリー・ヒューレットが夜遅くまで居残ってアカの父親を観察したのと同じように、夜間の行動に注目して、母親と父親の子育てへの関与を調べた。多くの父親にとって、寝る前の時間とは仕事から戻り、自分の子供たちと一緒に過ごす貴重な時間だ。研究者たちは父親の関わり方が睡眠のパターンに関係しているかどうかを検証しようとした。乳児のしつけと睡眠の関連性に関しては多くの研究がなされてきたが、たいていは母親に焦点を当てたものだったのだ。

そこでイスラエル人研究者たちは、第一子を妊娠した五六組のカップルに対し、生後一ヶ月と六ヶ月の時点でアンケート調査を行った[14]。また、乳児に測定器具を取り付けて、日々の動きと睡眠の様子を記録してもらった(両親は何かしら寝かしつける方法を使っていたかもしれないが、それは研究者が指図したものではない)

その結果わかったのは、父親よりも母親の方が昼夜ともに子供の世話をするが、父親が子育て全般により多く関わるほど、乳児の夜間覚醒が少なくなることだった。「私たちの知る限り、親の世話が子の睡眠にどう関わっているか評価した研究は今までなかった」と研究者たちは書いている。

もう一つの問いが、父親自身が子供の問題行動に影響力を及ぼすかというものだ。オックスフォード大学のポール・ラムチャンダニは、早くからこの問題に注目した一人だった。彼の考えは、子供に対して父親がより深く関わり、気配りをし、反応も素早いと、子供は外在化問題行動と呼ばれる、癇癪持ちやかみつき、蹴飛ばすなどの問題行動をとることが少なくなる、というものだった[15]。この行動は、生後一二ヶ月から二歳の終わり頃にかけて多くの子供にごく普通に見られ、次第に減っていくものだ。だが、そのうちの六%は継続し、小児期を通じて見られることがある。就学前にこうした行動が顕著に見られる子供は、成人したときには反抗行動を示すことになる。こうした外在化問題行動は生涯にわたって続く可能性もある。

研究者たちが目を向けたのは主に中流の家庭で、子供が生後三ヶ月および一歳になったときの二度ほど彼らの家で面会した。その結果、父と子の意思の疎通がうまくできないほど、子供に攻撃的行動をとる確率が高まり、その割合は女子よりも男子に多く見られることがわかった。さらに母親が乳児にどんな態度をとっても、それが変わることはなかった。

添い寝とテストステロン

ここまで見てきたように、父親は出産前から子供との関係を築くことができるし、睡眠パターンから長期的な行動まで、多くの点で子供に影響を与えることができる。また、子供の存在によって、父親の脳が作り変えられることも見てきた。では、赤ん坊によって父親が変わっていく例は、他にもうないのだろうか？

この質問に答える一つの方法が、男性のテストステロンに目を向けてみることだ。人間を含む多くの動物は、子供の誕生後はテストステロンの数値が低くなる。だが、それが何を意味するかは不明だ。父親になったことがテストステロン減少につながる可能性もある。あるいは、テストステロンの数値が低い男性が、父親になるように選ばれている、ということなのかもしれない。赤ん坊の誕生と、テストステロンの減少、どちらが先か？

それを明らかにするために、ノースウエスタン大学のリー・ゲトラーとクリストファー・クザワは、フィリピンの古都セブに暮らす六二四人の男性を対象に調査を行った[16]（フィリピンでは男性が日常的に子育てに関わっている）。この調査では、男性が二一歳のときと二六歳のときに唾液のサンプルを集め、テストステロンの数値を計測した。

ゲトラーらは、テストステロン値が高い男性であれば、結婚相手を見つけて父親になる成功率は高くなっているはずだと予測した。また、そうした男性は父親になったとたんにテストステロン値が大幅に減少し、子育てに多くの時間を割く人ほど、その減少率は高いと考えた。言い換えれば、結婚、出産、子育てといったものはすべて男性のテストステロン値を下げ、しかも、結婚前に数値が高かった男性ほど、その低減効果は大きくなるに違いないというのである。はたして、結果はゲトラーらの考えたとおりだった（子供と一緒に寝るだけでも父親のテストステロンの値は下がる。セブに住む三六二人のフィリピン人の父親のうち、子供と「添い寝」すると答えたのは九二％ときわめて高かったが、子供と寝室が別の父親たちに比べて、彼らのテストステロン値ははるかに低いものだった）。

伴侶を得たり、父親になったりすることで生じるテストステロンの変化は、男性の健康に有利に働く可能性もある。子育てを積極的にする父親の方が病気や死亡のリスクが低いことも、ひょっとするとテストステロン値の低さで説明がつくかもしれない。テストステロン値が高いと、前立腺がんの可能性や不健康なコレステロール値は上昇する。さらに、ドラッグやアルコールの摂取、乱交といった健康を阻害するものとの関連性も指摘されている。テストステロン値が高いことが、そうした結果を招くことはよく知られているにもかかわらず、製薬会社はテストステロンの数値を高めるクリーム、ジェルといった製品を作っている。わが子と親密な関係をもち、その結果としてテストステロンの数値が低くなった男親が製薬業界にとっては今や打ち出の小槌なのだ。皮肉なことに、テストステロンを身体の部分に使用した場合、子供がそれに触れて、危険なものとなりうる[17]。父親の手あるいは身体についたクリームやジェルにより、子供の生殖器が肥大化したり、陰毛の未発達、そして攻撃的行動を招きかねないのだ。父親諸兄は子供と過ごす時間を楽しみ、テストステロンをありのままの低い数値にさせておくのが賢明かもしれない。

しかし、話はそう単純ではない。ノースカロライナ大学のカレン・グルーウェンと彼女の学生だったパティ・クオは、父親‐乳児間に見られる愛着の生物学的な背景を探ることを目的とした、規模は小さいが先駆的な研究を行っている。その研究では、一〇人の男性を対象に、自分の子供と過ごしている様子をビデオに録画し、同時にテストステロンのサンプルを採取した[18]。また、自分あるいは他人の子供の映像を見せて、その間の脳の動きをスキャンで調べた。その結果わかったのは、子供の映像は、それがたとえ自分の子供でなくとも、人形の映像を見たときに比べれば、脳の前頭前野と皮質下領域の活動を活性化させるということだった。活動は、他人の子供より自分の子供の映像を見たときの方が高まっていた。そしてテストステロンの値は脳の活動に関連していた。赤ん坊の楽しそうな表情によって、父親の脳内では、「報酬」の領域である左尾状核での活動が活発化し、わが子を見てこの領域が強く反応した父親は、テストステロンの数値が上昇していたのだ。

これはちょっとした矛盾と言える。テストステロンの数値が低いことが良い父親であるように思われるのだが、泣き声に反応すると、テストステロンの数値は上がり、幼児に対する防御反応につながっていくようなのだ。愛着も明らかに複雑なシステムの一部である。テストステロンが変化することと、男性がどのような父親になるかということには何のつながりもない。だが、脳内の活動、ホルモン、行動はみな結びついている。そして父親としての行動は、明らかに深く植えつけられたものなのだ。

はっきりと覚えていること

ある日のこと、下の子——お座りはできるようになっていたが、まだまだ赤ん坊だった——が真夜中に目を覚まして泣き出したことがあった。妻が何か食べさせ、二人で懸命にあやした。そうして何とか落ち着いてくれたのだが、それで万事解決とはいかなかった。時刻は三時か四時だったと思うが、息子の体内時計はお昼どきだった。お遊びの時間というわけだ。

これは多くの親御さんにとってお馴染みの状況だろう。なぜか決まって重要な会議や締め切りを控えた晩にやってくるように思われる、あの状況だ。夜中の世話をあまりしてこなかったと感じていた私は、そのまま子供の相手を引き受けることにした。そして、上の子供たちのときも同じようなことがあったのを思い出した。物語を読み聞かせたり、くすぐったり、レスリングごっこをしたりしながら、目がとろんとしてくるときをうかがう。そうなればそのまま眠りにつかせてしまえるし、自分自身も救われるのだ。

子供がまだ赤ん坊だったときのことで思い出すのは、こういう記憶だ。眠れぬ夜を何度も過ごしているときは、これが永遠に続くのではと思うものだが、そんな時期は突如として終わりを告げる。子供は成長し、真夜中に気を落ち着かせる方法を自分で見つけていく。だからこそ、夜中に子供と一緒に過ごす時間を楽しもうと私は決めた。父親と乳児のつながりに関する研究は、これまで多くの父親が子供と共に経験してきた事柄にようやく追いつきつつある。正統派の心理学者によって長らく否定されてきた、愛着をはじめとする様々な父子のつながりの存在が、幻想などではなく、事実によって支持されているのを知るのは、やはりすばらしいことだ。

眠れぬ夜を過ごした翌日に職場でどんなことが起きたか――へとへとだったとか、会議をすっぽかしたとか――を、私は何一つ思い出せない。でも、子供と過ごした時間ははっきりと覚えている。

6　幼児期および学童期――言葉、学習、バットマン

第二次世界大戦から一九六〇年代にかけて、父親について研究をしていた数少ない専門家たちは、父親の中心的な役割とは、ジェンダー的に正しい形で息子のロールモデルになることだと信じ切っていた[1]。父親たちは、彼ら自身が日頃そう言っているように、男であるとはどういうことかを息子に教えるものとされてきたのだ。一部の研究者は、父親の影響を測定して、父親の男らしさと息子の男らしさとの間に本当に相関があるのかを確認しようと考えた（ここで言う「男らしさ」とは、強靭さ（タフネス）、腕力、社会的地位、危機にあるときの頼りがい、リスクを犯す積極性、他人に左右されない意志など、古くから男性の特質とされてきたものだ[2]）。つながりは簡単に見つかると思われたが、そうはならなかった。男らしさに関して、父親と息子の間に一貫した関連は認められなかったのである。これは従来の見方に反するものだった。息子を一人前の男へと成長させる手助けをしていないとしたら、いったい父親にどんな役割があるというのだろう？

問題は、なぜ男の子が自分の父親のようになりたいと思うことがあるかを、誰も調べてこなかったこ

とだった。おそらく、父親のことが好きで、尊敬し、良好な関係が築かれた場合のみ、息子は父親を見習おうと思うようになるのだろう。一九六〇年代になって調査が開始されると、やはり父親と息子の関係がきわめて重要だということがわかった。父親と良好な関係を築いている子供は、そうでない子供に比べ、父親に似た大人になる傾向が高かったのだ。このとき父親の男らしさはまったく関係がない。子供に対する温かさと親密さが、鍵となる要因なのだ。

これは、父親が子供の社会性の発達に特に強い影響を与えることを示す、先駆的な調査結果となった。父親との関係が愛情や笑顔に満ちていた息子や娘は、学校や友人たちの間で人気者なるケースが多かった。おそらく、父親の感情表現を読み取る術を学ぶことで、友人たちの気持ちも汲み取りやすくなるのだろう。一方、父親による厳格なしつけは、のちの行動問題へとつながっていた。

言葉の発達と父親

こうした発見がなされるようになると、幼児期および就学後の子供に与える父親の影響が、入念に検証されることになった。父親の影響が及ぶ領域の一つとして白羽の矢が立てられたのが、言葉の発達だ。子供が話すことを覚えていく過程を見るのは、育児におけるハイライトだと私はいつも考えていた。それは子供の最初の数年間を象徴する出来事でもある。赤ん坊は自分の願いを知らせる手段を徐々に覚えていく（強硬な手段であることも珍しくない）。乳児期に身ぶりと音で始まったものは、三歳を迎える頃には言葉を伴う能力へと発達する。ノースカロライナ大学のリン・ヴァーノン゠フィーガンズとカレッジ・オブ・ニュージャージーのナディヤ・パンクソファが述べているように、この過程で父親が与える影響は大きい。

ヴァーノン゠フィーガンズらは、田舎の中流〜貧困家庭を調査することで、子供の言語発達に関する興味深い発見をしている[3]。驚いたことに、父親は子供の言語発達に関して、たんに重要であるだけにとどまらず、母親よりもさらに重要であることがわかったのだ。中流家庭では、両親の総合的な教育水準や子育ての質が、子供の言語発達に関係していた。だが、そのなかでも父親は「子供の言語表現の発達に独自の貢献をして」おり、しかもそれは両親の教育水準や子育ての質を「上回る」影響を与えていた。子供と遊ぶときに父親が発する言葉が多いと、子供の一年後の言語能力はより高くなる。それを考えると、子供が学校に上がったときにうまくやれるかどうかに関して、父親が重要な貢献をしている可能性もある。

ヴァーノン゠フィーガンズらは、貧困家庭では状況が異なるはずだと考え、実際に調査してみることにした。調査の対象になったのは、当時およそ半分の子供が貧困状態にあったペンシルベニア州の中部とノースカロライナ州の東部に暮らす、ふた親がいる家庭の一二九二名の乳児だ。研究者は、子供が六ヶ月、一五ヶ月、三歳のときにそれぞれ家庭を訪問した。すると、六ヶ月の子供に絵本の読み聞かせをする際の父親の語彙と教育水準が、一五ヶ月になったときの子供の表現力と、三歳になったときの子供の語彙の豊かさに大いに関係していることがわかった。母親の教育水準や子供への語り口は、この結果に影響を及ぼさなかった。

この結果についてヴァーノン゠フィーガンズに尋ねてみると、彼女は母親と父親の間で違いがあることに驚いたと答えた。両親は子供の言語発達に等しく影響を与えると思っていたからだ。いったいなぜ父親の方が重要なのだろうか？　それはおそらく、一般的に母親は子供と過ごす時間が父親より長く、そのため母親の方が子供と同化する度合いが高くなるからではないか。そのような状態では、母親は子供に馴染みのある単語を使うようになるのである。一方で父親は母親ほど子供と同化していないため、より幅広い語彙を用い、ひいては子供が新しい言葉や概念を学ぶことになる。

ヴァーノン＝フィーガンズは、他にも要因があるのではと考えた。ふつう父親は子供と過ごす時間が短く、したがって子供にとっては目新しい経験となり、それがまた父親をより魅力的な遊び相手に見せる。調査の間に撮影したビデオには、熱中する父親たちの姿が映っていた。子供と遊ぶのは父親にとっても楽しいことなのだ。そのとき収入の多寡は関係がない。「父親と本を読んでいるとき、子供はそれをとても特別な機会と見ているように私には思える。子供はそこで、より注意深く耳を傾け、何らかの特別な方法で言葉を習得しているのかもしれない」。言語に関する父親の影響は、子供が学校に上がるまで続く。

金持ち父さん、貧乏父さん

父親が子供の精神発達に与える影響は、言語の領域にとどまらない。ニューヨーク大学のキャサリン・タミス＝ルモンダらは、父親が子供の知的成長、学校への順応性、ふるまいに影響を与えることを見いだしている。タミス＝ルモンダが興味をもったのは、「ヘッド・スタート」というプログラムに参加した家庭における父親の言語面での影響だった（政府主導のこのプログラムは、低所得家庭で育つ就学前児童の知的、情緒的、社会的発達を支援する目的で作られたものである）。研究者によれば、貧しい家庭の父親は、「子供を精神面で支えられるような前向きな関係」を維持するのが難しい場合があるという。理由の一つとして、財力が限られ雇用も安定しないことが挙げられる。タミス＝ルモンダらは、妻子と同居している二九〇人の父親を対象に、子供との遊び方が母親とどう違っているか、そのふるまいが子供の言語および認知の発達にどう関わっているかを調べた（調査は子供が二歳のときと三歳のときの二回に分けて行われた）。遊んでいる子供に対する父親と母親の接し方をそれぞれ観察してわかったのは、たいていの場合、彼らは良い親であるということだった。この発見は、一部の研究者が言うような、「低所得の親は小さな子供に対して権威を振りかざすばかりだし、父親はしつけが非常に厳しい」という思い込みに異を唱えるものだ。この調査からはまた、両親による気配り、肯定的な関心、知的な刺激があると、のちに行われる子供の発達検査や語彙力テストの点数が良くなることが示されている。

父親による支持的な子育ては、子供の知的発達と言語能力を押し上げることに関連していた[4]。また父親の良いふるまいは、子供に対する母親のふるまいを改善する効果もあった——良き父親であることの興味深い間接的影響である。一方で父親の収入の重要性は、研究によって評価が様々に異なっている。ニューキャッスル大学のダニエル・ネトルは、裕福な父親の方が低所得の父親よりもわが子のＩＱを上昇させることを見いだした（収入によって差が生じる理由については言及されていない[5]）。気が重くなる発見に聞こえるかもしれない。だがここからは、男性の教育や収入を高めることは、自分自身ばかりでなく子供にも有益だということがわかる。

では、貧困家庭の父親が何も影響を及ぼさないのかというと、そういうわけではない。二〇一一年、モントリオールにあるコンコルディア大学のエリン・プーニエとアレックス・シュワルツマンらが、子供と離れて暮らす低所得から中所得の父親を観察し、子供たちの知的発達や行動の問題への影響を評価することにした。[6] ケベック州の二二％にあたる家庭がこれに当てはまる。収入が減っている家庭では、高校を卒業する子供たちも減っていた。研究者は子供たちが三～五歳のときに観察し、その後九～一三歳のときに再び観察した。その結果、女の子供の場合、家庭での父親の存在が、「内在化された」問題――うつや不安、自信喪失――を軽減することがわかった。だが、男の子供はそうではなかった。なぜそのような結果になるのかは不明である。さらに、論理的といったポジティブな養育態度を示す父親の子供は、動作性ＩＱと呼ばれる非言語的知性が高かった。

不安定さの効用

こうした影響を父親がどのように及ぼしているかは、まだ完全にはわかっていない。だが、その一つの経路が「遊び」を通してだということは、やはり間違いがないだろう。母親は、一般的に子供と過ごす時間が長く、子供は母親を幸福と安全の重要な源泉だと捉えている。一方、父親のことは遊び相手と考えがちだ。[7] 父親が抱っこすると赤ん坊が楽しそうな反応を示すことが多いのは、さほど驚きではない。赤ん坊たちは遊びの時間がやってきたと思い込んでいるのである。

「父親はしばしば、ものを本来の用途とは違った使い方をする」とは、モントリオール大学のダニエル・パケットの言葉だ。[8] それと同じように、取っ組み合いごっこの最中、父親は「子供を情緒的にも認知的にも不安定にさせる」ような無邪気なからかい方をすることがある。「不安定になる」という言葉には不吉な響きがあるにもかかわらず、子供たちはそれが好きなのだ。他人を不安定にさせることは良い考えには思えないかもしれないが、その行為にはある重要な機能がある。子供が出会う難局の一つ、つまり未知の出来事にどう対処すべきかを学ぶ手助けになるのだ。パケットは、子供たちが「リスクに向き合うよう促され、勇気づけられることは、安定し、また安全を確保するのと同じように重要だ」と言っている。

パケットによると、父親は子供を「活性化させる関係」をもっていて、その関係によって「子供が世界に踏み出せるように育てる」のだという。困難な状況や初めて会う人に対する勇気をもつ術を身につけることを、思いもよらず父親が助けているのだ。水泳教室に来た一歳児を対象にした研究では、父親は子供の背後に立つ場合が多いことが観察されている。したがって子供は水面と直に向き合うことになるが、母親の場合は、アイコンタクトがしやすいように子供の前に多く立つ傾向が見られたという。他の研究でパケットは、エインスワースが愛着理論の研究で開発した、ストレンジ・シチュエーション法を用いた。子供を見知らぬ大人と一緒に、見慣れない部屋に入れる、またはおもちゃを階段の上のほうに置き、よじ登らないと取れないようにした。その結果、父親は母親に比べると特に息子に対して、突き放し、リスクを取るように仕向ける傾向があることがわかった。彼は、子供たちが家庭から外の世界に出ていくにあたって、それをサポートするために父親が特に重要な役割を果たすと結論づけた。子供たちが幼い頃に体験する未知の環境のなかでも、最も重要なのが学校である。家庭から学校へたやすく適応できる子供、ふるまいに問題がなく、同級生や教師と良い関係を築ける子供は、幼稚園や小学校でうまくやっている場合が多い。

父親の関与と子供の人間関係

国立小児保健発達研究所の研究者は、両親の子育てや考え方が、子供たちが学校に上がる頃どのように関係するかに関心を抱いた[9]。それまでに行われた多くの研究は、父親が家庭にいるかどうかに着目したもので、父親が家庭にいることは、子供たちに良い結果をもたらすことが明らかにされた。これは驚くべきことではない。だが、研究者はそこから一歩踏み込んで、なぜ父親が家庭にいることが重要なのかを解明しようとしたのだ。そして、子供たちが学校生活へと移行するとき、父親が気を配り子供の自主性を重んじようとすると、子供たちは彼らの担任教師と良い関係を築くことができるとわかった。また、父親による励ましは、子供のふるまいや社交性と関連がある。

子供の発達への父親の貢献における最も説得力のある概括の一つは、スウェーデンで始まった。ウプサラ大学の研究者は、父親の育児休暇取得、または子育てへのより積極的な関与についての議論を後押しするために、その根拠を求めようとした[10]。彼らは父親の関与とそれが子供たちに及ぼした結果について、最適だと思われる二四のケースを選び出した。研究は長期にわたり、父親とその家族を少なくとも一年にわたり追いかけた。こうした研究は、単純にある家庭の現在もしくは過去の様子を尋ねるよりも説得力がある。そしていくつかのデータを集計して、メタ分析と呼ばれる手法で分析することで、単独の研究より明確な結果を導き出すことができる。

研究により、父親が子供たちと直接関わり合うことで、広範にわたる社会的、心理的に有益な影響があることがわかった。父親が一緒に遊び、本を読み聞かせ、外に連れ出し、世話を焼いた子供たちは、学校生活の初期段階で問題行動を起こすことは少なく、思春期に入っても非行や犯罪に走ることは少ないのだ。

未熟児という不利な条件のもとに生まれた子供たちのなかでも、父親が関わった子供は、三歳のときには、父親が一緒に遊んでくれなかったり、面倒を見てくれなかった子供よりもＩＱが高い。父親が関わった子供たちはティーンエイジになってもタバコを吸うことは少ない。さらに次のような驚くべき結果がある。七歳のときに父親から読み聞かせをしてもらい、一六歳のときには日々の学校での様子を父親から尋ねられていた女子は、後年、うつや精神的な病を発症することが少なくなるのだ。研究者が導き出した結論は？　子供たちの生活に父親が肯定的な影響を及ぼすことが十分にわかった以上、政府は父親に多くの時間を子供たちと過ごすよう公的に促すべきであるということだ。

子供たちが学校に通い始め、新たな人間関係および友人関係を築く場合における父親の重要性については、カリフォルニア大学リバーサイド校のロス・パークも研究している[11]。児童発達の研究の第一人者であるパークは、父親との遊びが子供たちの社会性の発達において中心的役割を果たしていると確信している。二〇〇四年に、パークの研究室では、児童の社会性の発達における主要因は、家族内部および家族外での人間関係のネットワークと結びついていると記している。父親も母親も、子供たちが同級生と関係を築いていく上で、時に重複しながら影響を及ぼす。子供たちは同級生から影響を受け、彼らと様々な形の関係を築いていく。子供たちには社会にすんなりと適応してほしいと私たちは願うが、どのように仲間との関係を築くか理解することが、彼らがスムーズに社会に溶け込む手助けとなりうるのだ。

第二次世界大戦当時にさかのぼるが、アメリカでは子供が四歳から八歳の間に父親が戦争のため家を離れていると、後に同級生との関係に問題が生じると研究者たちは気づいた[12]。同様のことが、数ヶ月にわたり家を空けるノルウェーの船乗りの息子たちにも起こった。他者とどのようにふるまうかを学ぶ上での手助けをする父親がいないと、結果的に子供たちは人気者にはなれず（特段、驚くべきことではないが）友達との関係に満足しなかったのだ。また、別な研究者グループは、三歳、四歳の子供と普段から家庭で遊ぶ父親たちを観察した[13]。その上で、先生たちに幼稚園（保育園）でクラス内の人気度をランク付けしてもらう。すると父親たちと身体を使って楽しく遊んでいる子供は最も人気があるとランクされたのだ。

父親が子供の社会的能力に関係することを示す多くの証拠は、子供たちと遊んでいた時期にさかのぼる。ここに繰り返し出てくるテーマがあることにお気づきだろうか。遊びは年齢が上がるにつれ変わっていく。くすぐったり、追いかけっこをしたりしていたのが、自転車の乗り方を教えたり、キャッチボールをしたり、ジェットコースターに乗ったり、より複雑な遊びに置き換わっていく（私の場合は、子供たちがティーンエイジャーのとき、「バットマン」という絶叫マシンに乗りたがったが、私は怖すぎて遠慮した。このことは、今でも悪いと思っている）。遊び方は変わっても、遊びが子供時代を通じて、父と子の交流の核となっているのだ。

ロス・パークは、子供たちとの父親の「遊び方」が、子供たちが健康的に成長する鍵になると考えている。父親が遊びを支配しようとするばかりで、子供たちの出すシグナルに応えないと、息子が同級生と良好な関係を築くのがより難しくなる、と言う。父親と同じく遊ぶことを楽しんで、しかも父親が「非指示的な」女の子たちは、一番の人気者であるという。また、このような父親をもつ子供たちは、小学校に入学してもスムーズに順応していくと言う。父親がアクティビティーの提案をする、あるいは子の提案に対し興味をもってくれると、子供は粗暴なところがなく優秀で、友人に好かれる。こうした父親は子供たちと活発に遊んでも、権威主義ではない、父親と子供がギブアンドテイクの関係にあるのだ。

父親と子供の遊びの重要性は、そこで求められるもの、つまり、ペースの速い激しい活動のさなかでも相手の感情のシグナルを読み取るといった技能に関係しているのかもしれない（この技能は友達と関わるときにも必要になってくるものだ）。また、幼少期の良かったことも悪かったことも覚えていると言った父親は、子供たちの要求や心の動きに敏感である[14]。

タバコの煙と子供の肥満

父親が喜ぶような話で有頂天になりすぎる前に、影の部分も語らねばならないだろう。父と子の結びつきが、時に思いもよらぬ形で子供に支障をもたらす結果を招く。一つの例が子供の体重だ。二〇一二年、オーストラリアのアデレード大学の研究者たちが国内で九歳の子供をもつ四三四の家庭について調査したところ、子供たちのほぼ四人に一人が過体重もしくは肥満だった。母親の仕事のスケジュールと子供の体重との関連性は見いだせず、それまでの研究結果と相反するものとなった。

それに反して、父親の仕事のスケジュールが、子供たちの過体重や肥満と重大な関連をもつ可能性が増したのだ[15]。母親の働く時間の長さ、不規則なシフトは関係ない。その理由として彼らが推察したのは、父親の複雑なスケジュールが家族に余計な時間的プレッシャーを与え、子供たちが脂肪、糖分、塩分の多い即席の食べ物をとりがちになるということだった。このことが及ぼす影響は重大であり、研究者は太りすぎや肥満児のためのプログラムを策定する際は、父親の仕事のスケジュールについても考えるべきだという結論に至った。

もう一つ、子供にとって有害な父親のふるまいは喫煙だ。受動喫煙は、大人にも子供にも健康へのリスクをもたらす。母親の妊娠中の喫煙は、子供の健康に様々なリスクを伴う。そのなかには子供の後のメンタルヘルス――特に行動化という、将来学校活動に参加したり友人を作ったりする能力を損なうもの――も含まれる。しかし今日に至るまで、父親の喫煙が胎児への重大な影響を及ぼすことを示す証拠は明確になっていない。父親の喫煙は子供の太りすぎと関係があるとされてきた。しかし、その多くの研究は低所得者層の家庭を対象としたものであり、別な要因が子供の肥満の原因だとも考えられる[16]。

父親の喫煙の子供への因果関係を決定づけるために、研究者は香港で六〇〇〇以上の子供たちに関するデータを分析した。香港では喫煙は低所得者層に限られておらず、喫煙者のほとんどは男性である。子供たちは七歳のときと一一歳のときに評価された。母親の妊娠中に父親が喫煙していた子供たちには、過体重もしくは肥満の傾向が見られた。これは、子供の肥満は、母親の妊娠中に夫が喫煙するときの煙を浴びていることが影響するという考えを初めて裏づけるものとなった。

誰が子供たちを生かしておくのか？

父親と子供についてわかっていることをすべて積み上げていくと、父親の子育てへの関与は、様々な点で乳児および就学後の子供に良い影響を及ぼしているという圧倒的な証拠が浮かび上がってくる。しかしながら本書の取材の過程では、ここまで見てきた父親の価値を大幅に下げる問題に出くわすこともあった。記録が物語るところによると、父親は子供の生存にあまり貢献していないようなのだ。突き詰めて考えれば、良き父親（あるいは母親）であることの目的とは、子供が確実に生き残るようにすることだ。もし父親の存在が子供の生存率を押し上げないのなら、いったい誰がその役割を果たしてくれるというのだろうか？

この疑問を扱った研究論文が、二〇〇八年に二人のイギリス人研究者によって発表されている。二人はそこで、家族の構成員が子供の生存率に及ぼす影響を調べた四五の研究について分析を加えた。それによって、父親の存在が子供の生存率を高めるのか、あるいは他の家族がより重要な役割を果たすのかを見極めようとしたのだ。ロンドン・スクール・オブ・エコノミクスのレベッカ・シアーとロンドン大学人類学科のルース・メイスによるこの研究のタイトルは、「誰が子供たちを生かしておくのか？」というもので、一般的な論文とは異なり、「子供が問題を提起する」という挑発的な見解から始まっている。人間は次の子供を産むまで平均して約三年の間隔を空ける。近縁のオランウータン（およそ八年）

やチンパンジー（およそ四～五年）と比べると、その期間は短い。そしてこのことは、人間が二人以上の子供を同時に育てなければならないことを意味している。母親には助けが必要だ。だが、その助けはどこから来るのだろうか？

従来であれば、その答えは「父親」だった。両親は協力して子育てをするものだからだ。だが、シアーとメイスは他の可能性に着目していた――祖母の存在である。祖母は高齢のため自分の子供は産めないが、孫のために使う時間は大いにある。人間の高い出生率と閉経が相補的に進化してきたのは、十分に考えられることだ。多くの子供を産むという能力は、祖母の助力を得られる機会と共に進化し、その進化の道のりの成果こそが今日の私たちなのである。一部の研究者によると、血縁関係にある高齢の女性と暮らす子供は栄養状態が良いのだという。また、通常は女性の仕事である食料の採集は、男性の仕事である狩りよりも、多くの栄養を子供に与えるという研究もある（ただし例外もある。北極圏のイヌイットのようなハンターは、ほとんどのカロリーを狩りの獲物から摂取している。雪や氷の下から採集できるものは少ないからだ）。

たとえ父親が死んでも

シアーらの分析はこの考えを裏づけている。彼女たちがまっさきに気づいたのは、子供に起こりうる最悪の事態は母親の死だということだった。母親の死は、子供の高い死亡率と明らかに関連しているからだ。一方で、そうした現象はごく幼い子供に限られるという研究もある。二歳を過ぎると、突然母親を失っても悲惨な生存率にはならないというのだ。「二歳児が一人で生きていけないのは明白である。したがって、そうした子供が母親を失っても生き残る可能性が高いのは、他の誰かがその子供の面倒を引き受け、食料を与えているからに違いない」とシアーらは記している。だが父親は、「子供の生存率に大きな違いをもたらさないことが多い」。一五の研究（適切な統計処理を施したものを含む）によれば、「父親の死と子供の死に関連は見られない」。言い方を変えれば、子供は父親を失っても死のリスクが増すわけではないということだ。これは本当に正しいのだろうか？

シアーらは、その結果の解釈を慎重に見直してみた。そして、食料調達における父親の重要性が過大評価されてきたのではないかと考えた。子供たちはどこからか食料を手に入れるものだというのだ。「父親は子供が成長する段階で重要な役割を果たす。生存していくための術を教え、結婚、子孫繁栄の可能性を高めていく」とシアーらは記している。だが、母親より父親を喪失した場合の埋め合わせは容易なのかもしれない。ここで祖母が登場する。「母方の祖母は子供の生存率を向上させる。同居する年長のヘルパーと同じ役割を果たすのだ。父方の祖母も頻繁に有益な役割を果たすが、子供の生存に関する影響は、母方の祖母より変化に富んでいる」。シアーらは、これらの関係性について因果関係ではなく、相関があると強調している。そして、この概説は子供の死を防ぐための父親の役割のみについて語られており、ゆえに子供たちの認知能力、社会的能力、学校での能力といった人生での成功を左右する力に、父親が重要な貢献を果たすと示してきた研究と対立することにはならない。研究が示しているのは、親戚による貢献のより詳細な実態であり、また母親と父親の貢献の違いにすぎないのだ。

この研究は、核家族が子育てには最適な形だと主張する政治家や政策立案者にとっても、重要な意味をもっている。多くの政治家や著名人に広く支持されてきたこの論調は、アメリカ人の大多数によって信条のように扱われてきた。これまで見てきたとおり、子育てに父親を関わらせるべきだということは正しく、数多くの研究がこの意見を支持している。だが、これが唯一の家族の形態ではない。他の形でも十分機能するのだ。もし父親が不在でも子供の死亡率が上がらないのであれば、それは父親がいないときに親戚たちがその穴を埋めているからだ。父親が子育てに関わることを推奨したい政策立案者は間違っていないが、柔軟なアプローチをする必要がある。先に話したように、子供の健康面での発達には父親が必須ではない。だが多くの例が示しているように、父親は非常に多くの利益を子供たちに与えることができるのだ。

シアーとメイスの研究成果はあるにせよ、子供に対する父親の関与は、否定的なものよりも肯定的なものが多い。子供が幼児期および学童期にあるとき、父親はできる限りの時間を一緒に過ごすべきである。赤ん坊に早期教育用の単語カードを見せたり、三年生に六年生の本を読み聞かせなければなどと思う必要はない。父親と子供はもっと遊びに時間を費やすべきなのだ。

7 ティーンエイジャー——父親の不在、思春期、ハタネズミの貞節

二〇一三年、心理学者のサラ・ヒルとダニエル・デルプライアはある論文を発表したが、それは通常の科学論文の形式とは違い、かつてニュースで騒がれた話題から始まっていた[1]。その話題とは、テネシー州メンフィスのフレイザー高校に関するもので、二〇一一年に当局がその憂慮すべき事実を知るようになると、衝撃的なニュースとして全国を駆け回った。フレイザー高校では、女子生徒の約五人に一人が妊娠中、もしくは出産を経験しているというのだ。

メンフィス市の当局者は、数字の正確さには疑問が残るとしながらも、同校が問題を抱えていることを認めた。一方、地元の担当者のなかには、テレビに登場する一〇代の妊娠率が驚くほど高いことを非難する者もいた[2]。その人物は、MTVで放送された「一六歳での妊娠」と「ティーン・マム」を例に挙げ、「私たちの社会では、あまりにも多くが性的なものに目を向けている」と主張した。セックスに対する病的な執着が、少女たちをより若年での無防備なセックスに向かわせているというのだ。同じ意見の人はきっと多いことだろう。ティーンエイジャーの感受性が強いことは周知の事実であり、ゆえに

ＭＴＶの番組に惑わされるという考えも頷ける。彼らは、テレビで目にした服や商品を買う。だとしたら、性的な行動にも同じことが言えるのではないか？

父親の不在と性的な奔放さ

しかし、テキサス・クリスチャン大学に籍を置くヒルとデルプライアは、それとは別の埋もれていた事実に気づいた。テネシー州では、全世帯の四分の一近くが母子家庭だったのである。これが、何かまったく違ったことが起きていることを知らせる手がかりとなった。「研究者たちは、父親の不在（身体的および精神的な不在）と、その娘の早熟な性的発育および性的リスクをとりがちな傾向との間に、強い関連があることを明らかにしている」とヒルらは書いている。性的成熟とは遺伝子にしっかり組み込まれているものであり、父親との同居といったような恣意的な状況に左右されるものではないと考えている人は多いことだろう。だが、関係は明らかにある。問題はその説明だ。父親との離別という環境の変化が、性的発育のような重大な身体の変化にいったいどうやって影響を及ぼすというのだろうか？

私の質問に対してヒルは次のように答えた。「父親の不在は、若い女性にとって、自分が生まれ落ちた配偶システムでは未来にどんなことが待ち受けているかを意識させるきっかけになります」。家庭が崩壊して父親が出ていったり、疎遠になったりすると、その娘は、男性というのはいつまでも同じ場所にいるものではなく、自分のパートナーもいつかは離れていってしまう、というメッセージを受け取ることになる。そこから導かれるのは、相手を見つけたら素早く行動しなければならない、子供を産むのは早ければ早いほど良いという行動原理だ。もちろん、少女自身が意図的に早い思春期を迎えているわけではなく、生物学的な機構が無意識のうちにそうさせているわけだ。早期に思春期を迎えた少女は、すぐに妊娠をして、多くの子供をもうける。「それが進化論の研究者が言う『早い繁殖戦略』を後押しするのです」とヒルは言っている。

それとは対照的に、両親の関係が安定していて、父親が家にいる家庭で育った娘は、「遅い繁殖戦略」を（無意識のうちに）とるものと思われる。そうした女性は、子供をもつまでには、もう少し時間をかけてもいいと結論するかもしれない。その場合、準備期間をより長くできる――男性がずっとそばにいるという想定なので、時間は十分にあるのだ。ヒルの説明によると、「両親が自分に投資をしてくれると考えられる場合、その娘自身も繁殖に対して多くの投資をします。反対にそうした投資を受けられないと考えられる場合は、早い繁殖戦略へとシフトする」のだという。

娘が思春期を迎える年齢と父親には関連性がある。ティーンエイジャーの女子に目を向けてみると、父親の不在が早熟に関係することはわかる。だが、なぜそうなるのかに関しては憶測の域を出ない。父親の行動が娘たちにこうした変化を「もたらす」ことについては――少なくとも現段階では――何ら実証されていないのである。この疑問に答えを見いだすためには、理想を言えば、ある家族群を対象として集め、そのなかから無作為に選んだ父親たちに家族を捨てさせ、他は家にとどまらせるという実験をすればいい。もちろん、この提案を倫理委員会が承認することはまずないだろう。では次善の方法とは何か？　ヒルとデルプライアが編み出した実験は次のようなものだった。若い女性たち――何人かはティーンエイジャーで何人かは成人したばかり――に父親が支えてくれた出来事を思い出してもらい、その上で父親が力となってくれなかったときのことを考えてもらう。異なる記憶が性行動に対する姿勢に変化をもたらすのかということを見るのが、その狙いだ。ヒルらは、そうした記憶をはっきりと思い起こしてもらうために、被験者の女性たちに文字にするようお願いした。彼女たちが書き終えると、性行動に対する考え方について質問される。仮説どおりなら、父親の不快な記憶が呼び起こされたとき、女性は危険な性行動を容認する態度を示すことになる。父親に関して楽しい記憶は、正反対の考えを示すはずである。

結果はまさに予想したとおりのものだった。父親が手を差し伸べてくれなかったことを思い起こすとき、若い女性は「より性的に自由奔放」になるとヒルは説明した。「短期間での性的出会いを好む傾向があります。セックスに至るのに愛は必要ではないと彼女たちは考えているのです」。実験をさらに重ねていくと、他の危険を伴う行動については、父親との離別によって女性たちの見方が変わるわけではないことが明らかになった。彼女たちは、ヘルメットなしでバイクに乗ることはなく、影響はセックスに限られていたのだ。

娘の繁殖戦略

ヒルによると、彼女の研究は、アリゾナ大学のブルース・エリスの業績に負うところが大きいという。エリスは、父親の不在とその娘にもたらされる負の結果との関係を明らかにした研究者の一人だ。進化発達心理学者を自称するエリスだが、彼の興味は、ダーウィンの自然淘汰説を用いて、環境が子供の発達をどう形づくるのかを説明できないか、というところにあった（この疑問はまさにヒルの研究で浮かび上がってきたものである）。父親に関するエリスの研究は、一九九〇年代後半、進化論を信奉する他の心理学者たちが提唱した興味深い理論を検証することから始まった[3]。子供の頃の体験がその人の繁殖戦略に影響を及ぼすというのがその考えである。娘に対する早い段階での両親の関与は、その娘が成長後に使うことになる繁殖戦略を「設定する」ように見えるのだ[4]。

すぐにわかったのは、父親は何らかの形で、思春期を迎えた自分の娘の発達（とりわけ性的な発育）を調整する独自の役割を担っているということだった。一九九九年に始まった一連の研究では、父親と良好な関係をもち、五～七歳になるまでに多くの時間を父親と一緒に過ごした娘は、早すぎる思春期、早すぎる性体験、ティーンエイジでの妊娠を経験するリスクが軽減されることも明らかになった。

エリスは、様々な形で実例を示しながら二〇〇〇年代初めまでこの研究に取り組んだが、次第に行き詰まりを感じるようになった。父親の存在あるいは不在と娘の成熟に見られる相関性は、間違いなく強固なものである。だが、娘に見られるそうした結果が父親の行動によって引き起こされるものかどうかについては断定できなかった。父親の不在によって娘の思春期が早まるという主張には説得力があるが、それが唯一考えられる説明ではないのだ。別な説明としては、早熟で危険な性行動に走る女児の場合、両親から受け継いだ遺伝子――おそらくこの遺伝子が不完全な親子関係を引き起こしている――にその原因がある、というものがあった。父親の浮気に関係する可能性がある遺伝子が娘に受け継がれ、それが危険な性行動、早期の思春期と関係するのではというものだ。家庭環境の別な何かが女児の生育を加速化させる原因であり、父親にあるものではないとする、三番目の推論もあった。

エリスはこの問題に取り組むべく、画期的な方法を編み出した。彼はまず、両親が離婚していて、（平均して）七歳違いの二人の娘がいる家庭を想定してみた。両親が離婚した時点で、姉は妹よりも七年長く父親と一緒にいたことになる。別な見方をすれば、妹は姉に比べて七年長く父親の不在に「さらされて」いたわけだ。もし父親の不在が、早い思春期と危険な行動の原因となるなら、妹は姉に比べてその傾向が強くなるはずだ。また、遺伝子は娘たちに無作為に分配されるものなので、遺伝子や家族の置かれた環境が、その結果を乱すことはないだろう。自然発生的に起きた実験に近いと考えたエリスは、これを「疑似実験」と名づけた[5]。

エリスは、二人の娘がいる家族を募集した。両親が離婚している家庭もあれば、ふた親がいる家庭もあったが、後者は対照群として使われた。求めていたのは、次の二つの問いに対する答えだ。娘が初潮を迎える年齢は、家庭で父親と一緒に過ごした時間の長さと関係があるのか？　その年齢はまた、父親のふるまいによって変わるものなのか？　二番目の問いが加えられたのは、父親に暴行歴や、うつ病、薬物依存、もしくは服役の過去があると、子供の発達に影響を及ぼす場合があるからだ。研究者たちは、そうした要素が思春期のタイミングに影響するのかを見極めようとした。

エリスが抱いた疑念は正しかった。離婚した家庭では、妹の方が父親と一緒に過ごした時間が短いわけだが、彼女たちは姉よりも平均一一ヶ月早く初潮を迎えていたのだ（ただし、それは父親としての素行が悪かった家庭に限られていた）。父親の行状が娘に影響を及ぼすことは予測していたにもかかわらず、「我々が考えていたとおりの影響力の大きさに驚かされました」とエリスは私に言った。結論を言えば、子供時代の初期から中期にかけて、情緒的、肉体的に父親と距離を置いて育つことは、性的な発育を変える「人生の重要な転換」となりうるということだ。

次の段階は、こうした状況が娘の危険な性行動への関与を左右するのか見極めることだった。父親の行動と娘の危険な行動に相関関係があることは、すでに立証されている。妊娠や性行為による感染症が増加する危険性は、崩壊した家庭の子供、あるいは父親とぎすぎすした関係で、愛情や支えもなく、親の監視が行き届かない家庭の子供に共通している。だがエリスは、改めてこれらが外的もしくは遺伝的素因と関係があるのか、もしくは父親との感情的な距離が娘の危険な性的行動につながっているのかに関心を抱いた。

彼は再び、両親が離婚している姉妹を探した。今回はクレイグリスト〔情報交換サイト〕に目をつけ、複数の都市で「求む姉妹！」という言葉で始まる告知を掲載した。募集基準は非常に具体的なものだった。現在一八歳から三六歳で、しかも年齢が四つ以上離れている二人の娘がいて、下の娘が一四歳になる前に生みの親が別居あるいは離婚している家庭に限定したのである。その結果、エリスの研究チームは一〇一組の姉妹を集めることができた。両親が離婚している家庭の姉妹の他、違った広告を出して両親が離婚していない姉妹も集まった。

そこで明らかになったのは、娘の危険な性行動はたんに父親と一緒に暮らした時間の長さだけではなく、一緒に暮らした長さと、その間に父親がとった行動の双方に関係があるということだった。「しっかりとした父親のもとで――しかも、より長い期間を一緒に過ごすほど――成長した娘は、危険な性行動に走る度合いが最も低くなります」とエリスは言った。「父親と暮らした時間が少ない妹は、危険な性行動に走る度合いが最も高くなります」。言い換えれば、父親がより長い時間を子供と一緒に過ごすほど、娘たちが危険な性行動に走るのを防げるということだ。

フェロモンの影響？

ここで次のような疑問が浮かんでくる――父親はどうやって娘にその影響を与えているのだろうか？一つの可能性として考えられるのは、意外に思えるだろうが、父親の香りが娘の行動に影響を与えているということだ。よく知られているとおり、フェロモンを発する動物は多い。フェロモンとは化学的なメッセンジャーであり、それを嗅ぐことで行動の変化が起こる場合がある。「多くの種において、血縁関係にないオスのフェロモンへの接触によって思春期の発達が加速する場合があることが、動物実験ではっきり確かめられています。それと同時に、父親のフェロモンへの接触が発達を遅らせるという証拠もいくつか得られています」とエリスは説明している。「思春期前、つまり性的成熟を迎える前のメスのマウスを、オスがいたケージに入れたとします。中に敷かれた木くずにはオスのフェロモンが染み込んでいますが、その影響でメスには思春期が早く訪れます。そのケージで暮らしただけで、それが起こるのです」

同様の影響は他の動物にも見られる。もし同じことが人間にも当てはまるのなら、父親の存在や不在が娘に影響を与える仕組みにフェロモンが関わっているという説明は、まだ検証されていない仮説だとしても納得できるものだろう。人間に対するフェロモンの働きは、動物の場合ほどはっきりはわかっていない。だが、男性のパートナーと一緒に寝ている女性の生理周期が規則正しくなることを示す研究結果はいくつかあり、これは男性のフェロモンによるものだと思われている。

エリスへの取材も終わりに差しかかったとき、私がかねてより疑問に思っていた話題になった。父親の存在や不在は、息子にはどのような影響を与えるのだろうか？　エリスは、息子への影響はまだ明らかになっておらず、彼自身もまだ研究をしていないがと前置きした上で、彼なりの仮説を教えてくれた。息子に対する父親の関与は、競争心を高めたり、成長して自立したときの実行力を強化するなど、娘とは異なった影響を与えるのではないかというのだ。この主張は、マウスの刷り込み遺伝子で見てきたことを彷彿とさせる。父親由来の刷り込み遺伝子は、娘と息子で違う影響を与えていた。たとえば、メスのマウスでは子供の世話に関して、オスのマウスでは交配相手を探すことに関して変化が見られたのだった。オスのマウスが求婚者として不適格になったことが、エリスの仮説では、息子が大人になってから出世できないことに該当している。

ハタネズミの貞操観念

父親が子供と緊密に、そして深いところでつながっていることを示す一つの証拠が、父親になった男性に生じる変化だ。その変化は一時的なものとは限らない。動物が父親になったときオキシトシンやプロラクチンといったホルモンの血中濃度はどう変化するのか、また、そうした変化が父親の行動や子供との関係に多大な影響を与えうることは、本書でも簡単に触れてきた。そこで今度は、そうした変化をより詳しく検証し、それが私たちに起こる同様の変化とどう関係しているのかを見ていくことにしたい。

父親におけるホルモンの役割を調べる上で最適な動物にハタネズミがいる[6]。進化という観点から見れば、マウスやラットと同様、ハタネズミも私たち人間の近いところにいる動物だ。もちろん、ハタネズミにおける真実が人間にも当てはまるという前提には注意が必要である。とはいえ、ここまで見てきたように、最初は動物実験で見つかったことが、のちに人間にも当てはまるとわかったことも珍しくない。ハタネズミには目を向ける価値があるのだ。

シカシロアシマウスがそうだったように、ハタネズミにもプレーリーハタネズミやヤマハタネズミなど多くの種類がある。プレーリーハタネズミは一夫一婦型で、交尾するときにはオスがメスを守る。このふるまいにはオキシトシンが深く関わっているのだが、メスにオキシトシンを投与すると、それがどんなオスであっても近くにいるものとかまわず仲良くなってしまう――汝の隣人を愛せよというわけだ。一方で、メスのオキシトシンの受容体をブロックすると、交尾をした後のオスであっても仲良くなることはない。だが、これは近縁のヤマハタネズミには当てはまらない。乱交型であるヤマハタネズミにオキシトシンを大量に投与しても、相変わらず多数の相手と交尾をするのである。

国立精神衛生研究所の所長を務める精神科医のトーマス・インセルは、ヤーキス霊長類研究所の運営に携わっていたときに、一五年にわたってハタネズミの研究に取り組んだ。インセルによると、先の二種のハタネズミは九九％同じなのだが、残りの一％の違いが興味深いのだという。その違いによって、まったく異なる社会行動が見られるからだ。

プレーリーハタネズミは社交的な生き物だ。オスとメスは一夫一婦型の生活を長く送り、子育ても手分けして行う。一方のヤマハタネズミは、生後ほどなくして子育てを放棄し、オスとメスの関係も長続きしない。実験室での観察では、プレーリーハタネズミが一日の五〇％以上の時間をパートナーと身を寄せ合って過ごしているのが確認されている。パートナーが死んだときは、新しい相手を探さずに、独り身のままでいるのが一般的だ。インセルと同僚たちは、ちっぽけなＤＮＡの内部でいったい何が起きたら、この二種のネズミがここまで異なる行動をとるようになるのかを突き止めたいと考えた。その答えは、人間の配偶行動にも同様に光を当てるものになるはずだ。

ハタネズミの行動を左右する主要因の一つとして、すぐに浮かび上がってきたのが神経伝達物質としても機能する――つまり脳内の信号伝達に関与する――オキシトシンだ[7]。このホルモンは、社会行動、出産、子育て、セックス、母性愛に関わっている。また出産時に子宮を収縮させる働きもあり、オキシトシンの合成版であるピトシンは、陣痛促進剤としてよく使われている。

一九九二年、インセルはプレーリーハタネズミとヤマハタネズミの脳内を覗き、オキシトシン受容体――オキシトシンが付着し、ニューロンを反応させる分子の通路――を調べた[8]。するとオキシトシン受容体が一夫一婦型のプレーリーハタネズミの脳内六ヶ所で――そのいくつかは側坐核と呼ばれる部位にある。脳内の報酬系回路であり、コカインの幸福感はそこから生み出される――見つかったのだ。対照的に、一夫多妻型のヤマハタネズミの脳ではその場所にオキシトシン受容体を示す証拠はほとんど見つからなかった。研究結果を確認するために、彼は他の二種のハタネズミ――一夫一婦型とそうでないもの――の脳内を調べた結果、同様の相違が認められた。別なホルモンに関係したこうした相違は見つからなかった。そしてもう一つ興味深い発見があった。ヤマハタネズミのメスが子を産むとき、母親が母性行動をとり始めるのに合わせるように、脳内の決まった部位でオキシトシン受容体の分泌に変化が生じるのだ。

オスもオキシトシンを放出するが、オスのつながりにとって大切なのは、オキシトシンによく似た別の化学物質、バソプレシンだと考えられている。この物質がハタネズミのオスとメスの結びつきを生み出す手助けをしているのだ。オキシトシンの場合と同じように、一夫一婦型のオスにはバソプレシン受容体が多く見られるが、一夫多妻型のオスはそうではない。エモリー大学のラリー・ヤングは二〇〇四年、バソプレシンに関する実験を行った[9]。彼曰く、その実験は「度肝を抜かれる」ものだったという。ヤングらは、一夫一婦型のハタネズミからバソプレシン受容体に関連する遺伝子を取り出し、それを非一夫一婦型であるアメリカハタネズミの脳の注入した。注入したのは、報酬と依存に関係する領域だった。「この改造アメリカハタネズミをメスと一緒にして交配した。その上で分析した結果、交配相手と強い結びつきができていることがわかった」。他の習性は以前とまったく同じだった。「ここから習性を変えることは可能だということがわかる。たとえ結びつきといった複雑な社会行動でも脳の単一領域内にある単一遺伝子の発現を変えるだけでそれは可能なのだ」

研究者チームはまた、バソプレシン受容体の増加が通常は子育てに無関心なアメリカハタネズミのオスの習性を変えるのかどうかに関心を抱いた[10]。子ネズミの毛づくろいやハドリングといったオスの行動の多寡に変化は見られなかった。しかしバソプレシン受容体の増加前に比べて子により素早く近寄り、長い時間そばにいるようになった。ホルモンの操作によって感情の結びつきが阻害されても、父性行動は阻害されない、逆もまた然りであることが、複数の実験結果によって示されている。結論として言えることは、結びつきと父性行動にはバソプレシンが関係するが、それぞれは異なる脳内回路に関わる

──しかもこの回路はハタネズミの種ごとに異なる──ということだ。

父親のいない子ネズミの社交性

イリノイ大学シカゴ校の神経科学者であり、同大学の脳‐身体センターの所長も務めるC・スー・カーターは、オスのプレーリーハタネズミを使った独自の研究──特にオスがわが子に会ったときどうなるのか──を行った。社交的で、結びつきが強く、単婚のプレーリーハタネズミの場合、オスの方が子を産んでいないメスよりも自発的な子育て行動に関わるものとされている。「子を産んだことのないメスのハタネズミは子ネズミを前にしても親らしい行動はとりません」と彼女は言った。一方オスの場合は、父親とはどういうものか理解しているかのように、進んで子ネズミの相手をするのだという。「まったく不思議なものです」と、彼女は言う。「ホルモンの刺激はなく、妊娠をするわけでもない、自分自身が赤ちゃんだったとき以外、赤ちゃんを見たこともないんですから」。メスは子を産んでから親としての行動をとる。それはおそらく、子と直に接することでホルモンの変化が起きているのだと考えられている。だがカーターによると、オスは子と接していないときからすでに親らしい行動をとっているのだという。「オスはなぜ簡単に親になり、メスはそうでないのか？　赤ちゃんはある種の魔法の薬で、何らかの理由でオスがメスよりも敏感に反応するんです」

カーターと彼女の同僚ウィリアム・ケンケルは、ハタネズミのこの不思議な現象の原因はホルモンの変化にあるかどうか調べてみた。[11]そして子ネズミを見たことがないオスを、一匹の子ネズミに触れさせると、一〇分以内で血液内のオキシトシン数値が上昇することを突き止めたのだ。その後このオスたちは実験者たちにつまみあげられても、通常は上昇するストレスホルモンの数値に変化は見られなかった。これは、ハタネズミに起こる変化を解明する上でのわずかな一歩だとしても、一夫一婦関係の形成に見られるのと同じく、オキシトシンが関与していることを示している。つまり、交尾と親の行動は関連しているということだ。さらにカーターとケンケルは、父ネズミが赤ん坊のそばにいるとき、心拍数が上がることを発見した。「この手の動物は警戒心が非常に強い動物です」とカーターは言う。「オスの中のオキシトシンとバソプレシンが合わさって、子への愛情深い世話と防護をするように仕向けているのではないかと考えています」

だが、私たちが最も気になるのは次の点だ。父親としての務めを果たすことは、子に影響を与えるのか？ もしそうなら、このことが人間の父親に何を教えてくれるのか？ カナダのセント・メアリーズ大学のヒュー・ブロダーズら研究者たちは、ハタネズミのグループを普通の環境下――父親と母親ともに子育てをする――で飼育した。そして父親を引き離し、母親だけで子育てをする条件下でもう一つのグループを飼育した。母親の行動に変わりはなかったが、子に対する影響は著しいものだった。父親がいないまま育てられた子は極度の不安の症状を示し、ケージ内での活動も鈍り、社会行動も低いレベルだったのだ。[12] 彼らの感情および社会的仕組みに大切なものが、うまく働いていなかったということである。

動物の実験を利用する

人間の父親に対する研究のなかには、他の動物の研究から得られた結果を補完的に使っているものもある。スウェーデンのカロリンスカ研究所に籍を置くハッセ・ワルムをはじめとする研究チームは、二〇〇八年の研究論文で、バソプレシンが効果を発揮するために結合する分子の一つと関係する、あるバソプレシン受容体の遺伝子に着目した。[13] ハタネズミの交配に大きな影響を及ぼすことで知られている受容体である。この遺伝子の型は人間にもあるが、男女の結びつきに影響を及ぼすかどうかについては不明だった。研究チームは被験者の遺伝子データを分析すると同時に、彼らに標準的なアンケートを行い、結婚生活の質を評価した。その結果、この受容体遺伝子で特定の型――「RS3遺伝子型」として知られる――をもっている男性は結婚する割合が少なく、結婚していたとしても夫婦関係に問題を抱える傾向があることが明らかになった。しかも遺伝子は彼らの妻にも影響を及ぼすのだ。彼女たちは他のバソプレシン受容体の型をもつ男性と結婚した女性に比べ、結婚生活に対して否定的な考えをもつ傾向がある。チームはこう結論づけた。人間に見られたものはハタネズミがもっているものと関係がある。つまり、バソプレシンが結婚関係に関わっている、と。

二〇一二年、ワルムの研究チームはさらに一歩踏み込んだ研究に着手した。[14] 今度は女性のオキシトシン受容体が、型の違いによって婚姻行動に同じような影響を及ぼすかどうかに着目した。結果は予想通り。ある特定の遺伝子タイプをもつ女性は婚姻関係に問題を抱える傾向にあり、彼女たちの配偶者も関係が冷え切っていることを報告していたのだ。面白いことに、その遺伝子変異が女性の幼少期における社会との関係に――自閉症に見られるものと類似の――問題を生じさせていた。子供の頃に友人関係をうまく築けないといった社会問題を抱えた女性は、大人になると良好な婚姻関係を構築できない傾向にある。これもハタネズミにも見られたものと同じ傾向だと、研究チームは報告している。

これこそ正に研究が結果を出すものであり、また動物に対する研究が重要であることを意味するものだ。科学者たちが、人間のオキシトシンおよびバソプレシンの役割についての推察を行い、仮説を展開することを可能にしてくれる。近年、人間とオキシトシンに関わる実験は数多く行われており、なかには様々な状況下で被験者にオキシトシンをかがせ、どうなるかを観察するといった単純なものもある。その結果、オキシトシンがストレスを軽減させる、信頼感を植えつける、怒りの表情が気にならなくなる、恐怖の表情に対する認識力を高める、モチベーションを向上させる、また別な被験者の「金銭的な利得、もしくは損失に対する羨望もしくは満足感」を向上させることがわかってきている。[15] さらに、自閉症スペクトラム障害の患者たちの場合、コンピューターゲームの中のキャラクターと社会交流を促すことすら明らかになっている。

オキシトシンの可能性

父と子の関係におけるオキシトシンの重要性について——また薬として投与することが、関係性に変化をもたらし得るのか——は、オランダ人研究者たちの研究テーマだった。彼らは一七組の父親と幼児に協力を請い、一週間で一回あたり一五分間の遊びを二度してもらい、その様子を観察した。父親の平均年齢は三八歳、また子供たちは一歳半から五歳の間だった。一回のセッションでは、父親に皆オキシトシンの匂いをかいでもらい、もう一つの回では偽薬（プラシーボ）をかいでもらう。[16] 仮説では、オキシトシンが子供に対する父親の反応速度を高める——彼らに活力と刺激を与える——と見られていた。オキシトシンにわが子のしぐさに対する感受性を高める働きがあるからだ。

結果は仮説が正しいことを証明するものだった。オキシトシンが効いたとき、父親は偽薬をかがされたときに比べ、「子供の探求心と自主性を最適な形で鼓舞した」。また、イライラや不機嫌、あるいは（呆れたことを示すしぐさの）目をぐるりと回すといった否定的な反応は少なくなった。考えられることとして、オキシトシンが報酬系の神経伝達物質ドーパミンを放出し、それゆえに父親の好ましい行動を推進するのだろう。これはオキシトシンが父親の反応速度を増大させることを示唆する初めての実験的証拠である、と研究者たちは主張した。

オランダでの研究は、イスラエルのバル＝イラン大学のルース・フェルドマンのチームによる研究と見事に一致したものだった。思い出していただきたい。フェルドマンは同調性——膝をつきあわせているときに、両親は同調して子供の肯定的感情を促すという考え——に関心をもった人物である。フェルドマンのチームは、子供と楽しい意思疎通ができたときの両親のオキシトシンの変化に注目した。彼らは一一二人の父親と母親を対象に生後四ヶ月から六ヶ月のわが子と遊んでいる様子を観察、記録し、さらに録画した。セッション開始前に親たちの唾液と血液サンプルを採取してオキシトシン値を調べ、さらにセッション終了の一五分後に唾液のサンプルを採取した。

母親と父親では異なる反応が見られた。「愛情たっぷりのふれ合いをした」母親の場合はわが子と遊んだ後にオキシトシン値が増大した。さほど愛情を示さなかった母親には同じような数値の上昇は見られなかった。[17] 父親の場合、オキシトシン値は愛情に満ちたふれ合いではなく、幼児が興奮したり、探検ごっこのような遊びをしたりするときに上昇した。言い換えれば、オキシトシンは典型的な父と子の意思疎通、つまり取っ組み合いごっこのようなじゃれ合いの遊びに反応するということだ。両親がそろって世話をすることは「生物学上必要ではない」と彼らは記しているが、父と子のふれ合いは、遊んだ後のオキシトシン値上昇が示すように、明らかに父親の生態に関係している。研究結果は「社会政策に重要な意味合いをもち、また父親としての生物学的基盤を作動させるために生後最初の数ヶ月間で、幼児と日々ふれ合う機会を与えることの必要性を強調するものだ」と研究チームは結んでいる。

父親のオキシトシン値が上昇することを観察したのち、フェルドマンたちは父親にオキシトシンを投与した場合、彼らとオキシトシンを投与されない彼らの子供たち双方にどのような影響を与えるかを見ることにした。実験に参加してもらったのは、生後五ヶ月の子供をもつ三五人の父親で、彼らにオキシトシンもしくは偽薬を投与し、結果を査定した。オキシトシンを投与すると父親はお遊びの時間中、子供の相手を積極的にし、ふれ合いを強めた。また、子供にはオキシトシンを投与しなかったものの、父親に薬剤を投与することで子のオキシトシン値も上昇、反応力が高まり、父親との関わりも深まった。実験結果は、オキシトシンを一人に投与すると相手方に影響を与えることを示していた。両親から子への社会行動の伝達におけるオキシトシンの重要性を強調することになったのだ。

父親と子の生き生きとした生物的なつながりを明らかにしたことに加え、研究では社会不安障害を抱えた子供たちの新たな治療法について提唱している。彼らの親にオキシトシンを与えるというものである。未熟児で生まれた子、もしくは両親がうつの子供の場合、適切な社会行動につながる大切な早期の他人とのつながりを経験する機会を失いかねないのだ。また、研究は自閉症児にとっても意味があるものだった。オキシトシンを彼らの両親に投与することで、障害によって破綻しかねない親子の関係が深まるかもしれないのだ。その変化が、今度は子のオキシトシン値を高める——それによって他人と社会的に交わる能力が増す——ことになるのである[18]。

フェルドマンと彼女のグループはまた、ホルモンのプロラクチンが父と子に重要な役割を果たすことを発見した[19]。先に見たように、プロラクチンは女性の授乳に関係し、父親は、パートナーの妊娠末期および出産後に数値が上昇する。男性では、プロラクチンは遊び方と、子供の探求心を刺激する（これ自体、父親が遊ぶときの特徴である）ことと関係している。時間の経過とともに父親がわが子と馴染んでくると、プロラクチンとオキシトシンのシステムが彼らに新たなつながりを生み出すのでは、と科学者たちは推察した。感情的なつながりと探求心の刺激は共に父親と子供の間に生まれる愛着の重要な側面なのだ。

フェルドマンはオキシトシンへの作用と関係の重要性について思いを巡らせている[20]。「介護者、科学者、政策立案者、メンタルヘルスの専門家、そして市民として、私たちにはどの子供たちにも愛することを学ぶ機会を与え、また若い親がそうするための指針を受けられるようにする責任がある」。他の科学論文で使われている言語に比べると、これは抒情詩である。

ティーンエイジャーで父親になる

子供の行動形成に親が重要だというのは別に驚くことではない。だが、その反対はどうだろう。つまり、ティーンエイジャーを含め、子供が親の行動を方向づけることはあるのだろうか？　この問いに対して、研究者たちは興味深い答えを様々に見つけ出してきた。ある研究では、父親とティーンエイジャーの行動について調査をするなかで、育児が子供の危険な性行動に及ぼす影響ばかりでなく、反対にそうした行動が育児にどのような影響を及ぼすかについて検討している[21]。具体的に言えば、子供が危険にさらされているとわかったときに父親がどう反応するかを見たのである。

食卓を囲む、宗教行事に参加する、一緒に楽しい時間を過ごすなど、家族と日常的に関わっているティーンエイジャーは、危険な性行動（低年齢でのセックス、頻繁な性行為、乱れた異性関係、避妊に対する無関心）から縁遠くなる傾向にある。同じことは、父親が子供の交友関係や活動をより詳しく把握している場合にも言える。ここまでは従来の研究をなぞるものにすぎないが、驚くべき新発見もあった。それまでの一部の理論では、子供の危険な行為を知った親は、子供に対する関心を低下させ、敵意を示すようになると予測されていた。だが新しい研究では、わが子の危険な行為を知った父親は、子供への関与を増大させ、その活動についても多くを知るようになったのだ（母親は目立った反応を示さなかった）。

父親と一〇代の子供についての研究には、「子供に対する父親の不運な寄与」とでも分類できそうなものもある。イエール大学公衆衛生大学院のヘザー・シプスマの研究チームは、ティーンエイジャーで父親となった男性に関心をもっていた。一〇代で親になった人たちは、年長の親に比べると、教育の面でも経済的な面でも制約があるのが一般的であり、子供の正常な心理的発達を阻害することもある。また、虐待やネグレクトの危険性も高まるという。ティーンエイジャーの母親をもつ娘は、他の女性に比べて、自身も一〇代で親になる可能性が高い。だが、ティーンエイジャーの父親をもつ息子にも同じ傾向があるか否かについては、先行研究が一つも見つからなかった。

ティーンエイジャーの父親をもつことが、自分も一〇代で父親になることの要因になるかを知ることには少なからぬ意義がある。というのも、これまで専門家たちは、若くして父親になる理由を、社会経済的地位の低さ、ふるわない学業成績、非行などに関連づけてきたからだ。シプスマらが新たに発見したのは、ティーンエイジャーの父親をもつ男性が一〇代で父親になる可能性は、年長の親をもつ男性より一・八倍高いということだった。[22] シプスマらは、この発見を若くして父親になるという「リスクの世代間循環」と呼んだ——すなわち、一〇代で父親になることが次の世代にも受け継がれていくということだ。ここから考えれば、ティーンエイジャーの妊娠を防止するプログラムでは、母親ばかりでなく父親にも焦点を合わせるべきだとわかるだろう。だが実際は、シプスマが記しているように、男性は重要な存在であるにもかかわらず、リプロダクティブ・ヘルス〔性と生殖に関する健康〕では蔑ろにされている。

思春期の子供との付き合い方

思春期の子供は父親の態度から様々な影響を受けるが、その影響は大人になっても残り続けることがある。だが、ティーンエイジャーの親ならば重々承知しているとおり、子供の危機、苦悩、学校での問題、大人への階段をのぼるうちにぶつかる社会的障壁に対して、親としてどう対処すべきかを知るのは難しい。親の行動は重要だ——だが、どういった行動が正解なのかはほとんどの場合わからない。それでも、良い子育てに見られる重要な特徴というものはある。それは、思春期の子供が、親から拒絶されているのではなく、受け入れられていると感じられる状況を作り出すことだ。その際は、行動よりも言葉で示す方がすぐに理解してもらえる場合が多い（特に子供がタトゥーを入れてきたときや、校長室に呼び出しを食らったときなどは）。

コネチカット大学のロナルド・ローナーは、親から受け入れられていると実感している子供が、親に見放されたと感じている子供と比較して、どのような影響を受けているかを数年にわたって調査してきた[23]。彼の考えでは、親からの受容は人格の重要な側面に影響を与えている。たとえば、親から受け入れられている子供は自立しており、情緒的にも安定している。言い換えれば、自己肯定感が強く、前向きな世界観をもっている傾向にあるわけだ。それとは対照的に、親から拒絶されたと感じている子供は、敵意、劣等感、情緒不安定、後ろ向きの世界観など正反対の傾向を示す。ローナーは、親からの受容と拒絶についてなされた三六件の研究を分析し、自分の考えが間違っていないことを確かめた。それによると、母親と父親の双方から受け入れられることは、子供の前向きな人格特性と関連があった。この点において、父親の愛情と受容は、母親のそれと少なくとも同じくらいには重要である。一方で、父親からの拒絶がもたらす影響は、母親の場合よりも大きい可能性があるという。父親にとってありがたい話だとは必ずしも言えないだろう——しっかりしなければとプレッシャーを感じることになるからだ。

合に母親を責めるという不適切な傾向が見られた。だが実は、母親よりも父親の方がこうした問題を増大させていることがよくある」とローナーは説明している。

他者への共感は、ティーンエイジャーに育んでもらいたい大切な資質だが、父親はここでも驚くべき重要な役割を果たしているようだ。モントリオールにあるマギル大学の心理学者リチャード・コーストナーは、一九五〇年代にイエール大学で行われた研究に参加した七五人の子供を改めて調べてみることにした。コーストナーと研究チームは、子供時代の環境のなかから、大人になったときにどれほど他者に共感を示せるかを左右する可能性のある要因を拾い上げた。そこでわかったのが、父親とどれだけ一緒に過ごしたかが他を圧倒する決定的な要因になるということだった。[24] コーストナーは、「両親がどれほど愛情を注いでも子供の共感能力には無関係であることがわかり、驚きを禁じえませんでした。それと同時に、父親の影響の大きさに仰天させられたのです」と語っている。

カリフォルニア州立大学フラトン校の心理学者メラニー・モーラーズは、子供時代の父親の思い出に懐かしさを覚える男性は、大人になってから日々味わうストレスとうまく付き合える傾向にあることを見いだしている。[25] またちょうど同じ時期、トロント大学の研究チームは、成人を対象に、両親の顔の画像を見せたときの脳の反応をｆＭＲＩを使って調べてみた。すると、被験者の脳は母親と父親で異なる反応を示すことがわかった。母親の顔の画像を見た場合は、顔の認証処理に関連する領域がとりわけ活発になったが、父親の顔の場合は、愛情に関連する深部構造である尾状核の活動が活性化したのである。[26]

健康の確保という点から見れば、父親が与える影響は子供の世代だけにとどまらない。たとえば、前に見た刷り込み遺伝子——父母どちらの由来かを示す化学的な痕跡を運ぶもの——は、子供ばかりでなく孫にも影響を与えることがわかっている。そうした遺伝子は受精の際に綱引きを行うが、子供が健康であるためにはきちんとバランスがとれている必要があった。また、成長した子供がどんな親になるかに影響を与えるのも、母親と父親から受け継ぐこの遺伝子である。この発見は、父親が子供のためにする、あらゆる行動に深く関わっている。

8　高齢の父親――待ったことの報酬とリスク

近頃アメリカでは、公園や運動場を歩いていると、年齢のいった男性がベビーカーを押している光景をよく見かけるようになった。顔を知っている人であっても、話しかけるときには少したためらってしまうかもしれない――その人が連れているのが子供なのか、孫なのか、自信がもてないからだ。

この混乱ぶりは、ノーラ・エフロンが監督と脚本を担当した映画「ユー・ガット・メール」で見事に表現されている。[1] トム・ハンクス演じるジョー・フォックスが、男の子と女の子を連れてメグ・ライアン演じるキャスリーンの経営する書店に入る。女の子（アナベル）がジョーのことを「自分の甥」だと言うと、キャスリーンはこう返す。「甥だなんて、そんなことないでしょう」。だが、それは本当のことなのだ。一方、男の子（マット）はジョーのことを自分の兄だと言い、ジョーもそれを認める。「アナベルは僕の爺さんの娘で、マットは親父の息子。ほら、アメリカ人の家庭だからね」

見過ごされてきた不安な数字

フォックス家は典型的なアメリカ人家庭とは言えないかもしれないが、私自身も同じ立場になってわかったように、高齢の男性が父親になるのは珍しいことではない。再婚後に一人目の子供が生まれたとき、妻のエリザベスは四〇歳だった。女性が高齢になると出産に問題が生じる可能性が高まることは、二人とも知っていた。私たちは、まず妊娠できるかどうかを心配した。妊娠をしたらしたで、今度は流産しないかと不安になった。お次はダウン症の心配だった。高齢出産の場合、その確率が増大することを知っていたからである。エリザベスは、ダウン症などの遺伝子異常の可能性を締め出すために、あらゆる検査を受けた。結果は問題なし。だからと言って、生まれてくる子供が一〇〇%健康だという保証にはならないが、それでもホッとしたのは確かだった。

子供が生まれた翌日のことだ。出産が深夜に及んだおかげで、私たちは目をしょぼつかせながら、病室の壁に取り付けられたテレビを見ていた。そして、何の気なしにチャンネルを替えたときに目に飛び込んできたのが、高齢の父親の子供は自閉症のリスクが高まるというニュース報道だった。私たちはくぎ付けになった。それまで私たちが思いを巡らせ、心配をしていたのは、すべてエリザベスの年齢にまつわることだった。それが今では、自分の年齢もまた、子供にとってリスクになりうることを知ったのだ。私は五五歳で、ニュースの内容はまさに私たちに当てはまるものだった。そんな話は、それまで一切聞いたことがなかった。今さらどうすることもできない私は、タイミングの悪さをぶつぶつと呪いながら、またチャンネルを替えた。この話題について二人で語り合うことはなかった。エリザベスには一眠りしてすっかり忘れてほしいと思ったし、できれば私もそうしたいと願っていた。

しかし、忘れることはできなかった。数日後に退院して皆で家に戻ると、私は即座に先の報道のことを調べ始めた。研究者の説明によると、四〇歳以上の父親から生まれた子供は、三〇歳以下の父親の子供に比べて自閉症になる確率が六倍になるということだった[2]。その研究を見つけたのはインターネット上だった。生まれた子供の父親が五〇歳以上の場合、自閉症のリスクは一〇倍になるという。さらに悪いことが記されていた。研究者の言う「高齢の父親」の場合、児童期双極性障害、出生異常、口唇口蓋裂、脳水腫、小人症、流産、早産、そして「知的能力の低下」につながるというのだ。

私にとって最も恐ろしかったのは、家族の誰かが精神障害を抱えている場合と同じように、父親の年齢が高くなれば、統合失調症の危険性も高まることだった[3]。その危険性は年齢を重ねるごとに高まるのだ。父親が四〇歳のときに生まれた子供が統合失調症になる可能性は二%で、父親が三〇歳以下の子供に比べ、危険度は倍になる。男性が四〇歳で生まれた子供が統合失調症を発症する危険性と、女性が四〇歳で産んだ子供がダウン症である危険性は同じなのだ。

私は五〇歳を超えていた。したがって、息子が統合失調症となる確率はさらに高くて三%になる。発症するのは通常一〇代の終わりか、二〇代初めにかけてで、そうなるまでは誰も予測できない。息子二人のうちどちらかでも病に冒されていることがわかるのには、二〇年かかるのだ。私たち夫婦がそのときまで生きているとしても、私は七〇代、エリザベスは六〇代になっている。安堵のため息をつくまでには長い時間待つ必要があるのだ（後で触れるが、より最近の研究では、もっと長い時間が必要だという）。

この研究結果は、私の中に一つの気になる疑問を生じさせたようだった。私たちはなぜこのことを知らなかったのか？　女性の出産可能年齢については、しょっちゅう取り上げられ、ドラマでも定番の話題となっている。それなのに、なぜ男性については同様の話題を耳にすることがほとんどなかったのか？　父親が子供に非常に大きな影響を与えている証拠はあったのだ――害を及ぼすかもしれない影響ではあったとしても。

急増する高齢パパ

父親が高齢になってから生まれた子供はどれくらいいるのか、その数は（日頃の印象どおり）増えているのかを知りたくなった私は、アメリカ国勢調査局に電話をかけてみることにした[4]。だが、その結果わかったのは、高齢の父親の数は集計していないということだった。国内の父親の総数（七〇一〇万人）、一八歳以下の子供がいる既婚男性の数（二四四〇万人）、シングルファーザーの数（一九六万人）、はたまた父の日のプレゼント用の釣竿が購入できるスポーツ用品店の数（二万一四一八店）まで集計している機関としては、驚くべき告白である。高齢の父親に関して、国勢調査局の広報専門官ロバート・バーンスタインはこう教えてくれた。「何年も前に集計しようとしたのですが、男性に関する報告は信頼性に欠けるため、調査を中断してしまったのです」。その後、同局から届いた匿名のメールによると、「女性が妊娠してもその父親が誰かわからないというケース、あるいは父親が関心をもたないというケースが多く」、調査していくのは難しいのだという。

だが、出生証明書によって情報を得ることは可能であり、それはアメリカ疾病管理予防センター（CDCP）の一機関である国立衛生統計センター（NCHS）によってまとめられている。[5]そのデータによると、父親が四〇～四九歳のときに生まれた子供は、一九八〇年には一二万七〇二人だったものが、およそ一世代後の二〇〇四年には三二万八四六五人と、三倍近くに増えている（それ以降は微増）。数が跳ね上がったのは、主に総人口の増加によるものだ。だが、この一世代の間に父親になる年齢が高くなるという変化が――人口増加だけでは説明しきれない傾向だ――起きているのである。四〇代の男性における出生率（人口増加を計算した数字）は一九八〇年代から四〇％増加している。一方、三〇歳以下では二一％ほど減少している。

このことは数十年前に比べて急激な変化が起きたことを表している。一九四〇年代と一九五〇年代に高齢で父親になる男性の数は、実は現在よりも多かった。だが、それは別の理由による。たいていは若くして父親になるが、子供の数が多く、末っ子が生まれるときには父親の年齢は四〇歳をとうに超えているということだったのだ。高齢者の父親は一九六〇年代を通じて減少し、女性が社会進出を果たすようになった一九七五年に底をついてから、再び上昇していく。

こうした状況のなかで、男性も女性も結婚する時期がどんどん遅くなっていった。二〇一一年の国勢調査によると、一九八〇年には平均二五歳だった男性の初婚年齢は、ほぼ二九歳にまで上昇している。国勢調査局は第一子をもうけたときの父親の年齢は集計していないが、フォーダム大学の社会学者マシュー・ワインシェンカーは、いくつかの世論調査を使って、三五歳以上で第一子をもうけた父親の割合を算出し、一九七〇年代には全体の二％だったのが、九〇年代には一七％近くに上っていたことを突き止めた。(6)「年齢がいってから第一子をもうける父親の割合は過去二〇年で爆発的に伸びました」とワインシェンカーは言っている。

職場環境の変化は、多くのカップルにとって、子供をもつという決断を難しいものにしてきた。ご存じのように、現代の労働者は、以前に比べてずっと多くのことを会社から求められる。そのため、子供たちのための時間を捻出することすらままならない。上司の要求を断れないと感じている人は大勢いるのだ。「高学歴の人たちを見ていると、自身のキャリアを確立しようと頑張っているのがわかるはずです。そうすれば、子供をもうけたときに、より融通がきかせられるからです」こう語ったのは、家族と仕事研究所のエレン・ガリンスキーだ。「人は会社から自分が有益な人間だと認められていると思いたがる。そうすれば、子供が生まれたときに休みを取ったり、子供のための時間を作ったり、と融通を利かせることができますから」

高齢で父親になることの医学的なリスクは、そうした親の多くが子供に対する関わりかたの深さで、相殺される部分もある。インディアナ大学の社会学者ブライアン・パウエルは、親が子に充当する社会的、文化的および経済的資源の研究をしている。研究を始めた当初、彼は高齢の親については複雑な状況が見えてくると考えていた。「相反するものがあるだろうと我々は考えていました。彼らには経済的資源こそ多い。しかし、その代わりに個人的な関わりも、学校への関わりも――エネルギーが足りないから――少ないだろうと見ていたのです」。調査の結果、その仮定は間違いであることが証明された。年齢が高くても、父親たちは学校活動や、バレエ教室、ピアノのレッスン、子供の友人たちとも積極的に関与していた。しかもこれらすべてに、より多くの経済的資源をつぎ込んでいたのだ。「年をとった親の方が子供にとっては良いということがわかったのです」とパウエルは言った。

高齢の父親が増加したもう一つの理由は離婚と再婚が広く行き渡ったことにある——そう言うのはシカゴ大学の社会学者リンダ・ウェイトである。初婚のとき、男性の年齢は妻よりも概して一・五〜二歳上なのに対し、再婚となると、平均で一五歳ほど妻よりも年上となる。「結婚しても約半分は離婚するので、男性にとって再婚はごく普通のことです。彼らは若い相手を選ぶ傾向にあり、そうした女性の多くはまだ子供がいないので、子を欲しがることになります」と彼女は言う。

次々に見つかる病気との関連

父親の年齢が子供の健康に影響を及ぼすことがあるという考えは、今から一〇〇年ほど前に、人並み外れた洞察力をもつ一人のドイツ人医師によって初めて示唆された。シュトゥットガルトの開業医だったウィルヘルム・ワインベルクは、仕事熱心な一匹狼で、貧しい人の面倒を見ることに多くの時間を費やした。そのなかには、四〇年に及んだ医師生活で三五〇〇人の赤ん坊を取り上げたことも含まれている。また彼は、同僚や教え子、科研費などに頼ることなく、一六〇編の科学論文を発表した。ドイツ語で書かれた彼の論文は、当初はさほどの注目を集めなかった。というのも、遺伝学者の多くは英語圏に暮らしていたからだ。ワインベルクの論文が画期的なものであると理解されるようになったのは、かなりの時が経ってからのことだった。

そのうちの一つである一九一二年に発表された論文では、軟骨無形成症（小人症の一形態）が第一子よりも末っ子に多く見られると報告されている。ワインベルクにはその理由はわからなかったが、おそらく両親の年齢と関係があるのではないかと推測した。当然のことながら、後に生まれた子供ほど、出産時の親の年齢は高くなるからだ。このワインベルクの先進的な観察は、数十年後の調査によって、半分正しかったことが裏付けられた――小人症に生まれる確率は、父親の年齢には影響を受けるが、母親の年齢には関係なかったのである。[7]

それ以来、およそ二〇種の病気が父親の年齢と関連性があることがわかってきた。加齢が急速に進む障害の一種プロジェリア（早老症）、かつてはエレファントマン病として知られた神経線維腫症（1型）、そして腕、脚、手足の指が異常に長いことが特徴のマルファン症候群もそこに含まれる。さらに最近の研究で、父親の年齢が、子供の前立腺がんをはじめとした各種のがんに関連することが明らかにされた。

コロンビア大学による研究では、三五歳以上のパートナーをもつ女性が流産する可能性は、パートナーが二五歳以下の場合より三倍も高くなることが明らかにされた。[8] ここでも女性の年齢は関係ない。さらに研究の結果、男性が高齢の場合――高齢の女性と同じく――ダウン症の子供の親となる危険性が高まることが確認された。

こうして病気を分類すればするほど、いったい何が起きているのかと、研究者たちはますます頭を悩ませていくことになった。精子が常に新たに製造されているものなら、男性が年をとると、どうやって劣化するのか？　原因はおそらく精子を製造する部分において変異が生じていることにあるのだろうが、誰も確信はもてなかった。問題は棚上げ状態だったが、統合失調症の原因を探る研究によって図らずも年齢の高い父親に注意が向くと、事態は大きく変わったのだ。

統合失調症の定説と新発見

二歳下の妹アイリーンが家族にも説明がつけられない行動をとるようになったのは、ドロレス・マラスピーナが大学生のときだった。当初は、アイリーンが思春期の子供にありがちな問題を抱えているだけかと思っていた。それまで進んでやっていた週末の家事をぴったり止めてしまったし、疲れて、ふさぎこんでいるようにも見えた。だが、マラスピーナも両親もそれほど心配はしていなかった。「思春期には多くの人が何らかの変調を経験し、苦しみや葛藤を経て、最終的には立ち直っていくものですから」と彼女は言った。ところが、アイリーンのふるまいはどんどん悪化し、やがて看過できないまでになった。母親が夜半に目を覚ますと、アイリーンがスカーフをつないで家中に張り巡らし、部屋の中のどこを歩いてよくて、どこが悪いのかを決めている場面を目撃したこともある。その時点で、結論を下すのは避けられないものになった――アイリーンは深刻な問題を抱えているのだ。彼女は高校の最終年に初めて入院生活を送ることになった。下された診断は統合失調症だった。

これは一九七〇年代初めのことで、統合失調症は子供を否定する支配的で高圧的な母親によって引き起こされると、多くの精神科医が信じていた時代だった。「生物学的な疾患ではないというのが当時の一般的な見方でした」とマラスピーナは語っている。アイリーンの担当医からは、治療法はないと言われた。母親によって引き起こされた統合失調症のダメージから回復するのは不可能であり、家族は「黒い布を掲げ」た方がいい、つまり「葬式の準備をしなさい」という意味だった。「アイリーンが良くなることは絶対にないのだから、いっそ部屋に鍵をかけて彼女を閉じ込め、その鍵は捨ててしまえ、という感じでした」。マラスピーナもまた、自分が妹の病気の原因となることをしたのではという考えに苦しめられていた。「子供の頃のことを何度も思い返したものです。友人と遊んでいるとき妹を仲間に入れるのを嫌がったとか、彼女が呼んでいるのに木の陰に隠れたとか……。ひどい罪悪感に苛まれて何年も過ごしました。でも、母の苦しみは私の比ではなかったと思います」

アイリーンの病状が悪化していくなか、マラスピーナは大学で環境生物学を学び、その後大学院に進んで動物学を専攻した。博士号を取得する前に結婚して大学院を離れ、製薬会社に就職し、脳内の化学成分を変える物質の研究に取り組んだ。その仕事を続けているうちに、彼女はやがて妹の病気に結びつくものに出会う。「研究所では精神障害への関与が疑われる分子を調べていました」と彼女は言った。「妹は重度の精神障害ですから」。こうした研究は、統合失調症を生物学的に解明するための第一歩となり、将来的には、その疾患が支配的な母親によって引き起こされるという考えを完全に覆すことになる。家に黒い布を掲げることを受け入れなかったマラスピーナは、妹の症状を改善させる薬を見つけられるのではと考えるようになった。彼女は仕事を辞め、一つの志――「統合失調症を治すこと」――を胸に医大に入学する。

医大を卒業して研修医の期間も終えると、マラスピーナはコロンビア大学で研究職に就いた。そこで彼女は統合失調症に関するいくつもの難問に出くわすことになる。統合失調症の人たちは、その障害ゆえに、結婚して子の親となる可能性が通常と比べるときわめて低い。統合失調症の人が、そうでない人と同じように結婚して子をもうけなければ、この障害は人口から消滅することになる。だが、そうはなっていない。統合失調症の発生率は人口の一％と常に一定の割合を保っているのだ。統合失調症は遺伝的なものと思われがちだが、実はほとんどの場合は散発性で、統合失調症の例がない家系に突如として現れる。

長いこと統合失調症の原因は母親にあると言われ続けてきたが、生物学的なアプローチで、父親に疑問の目が向けられるようなった。問題はこうだ。卵子は女性の年齢に呼応して年をとる。若いときに子供を産んでも、卵子は年齢にすれば、すでに二〇歳かそこらになっている。年齢を重ねれば、卵子も劣化していくのではないかと考えるのは理にかなっている。自分たちの身体のあちこちを見ても年をとるにつれてガタがくるものだ。

しかし生物の仕組みでは、そのとおりにはいかない。細胞が遺伝子損傷を最も受けやすいのが、細胞分裂を起こすときだ。遺伝子はそのときに複製されるが、いつも正常に行われるわけではない。突然ミスが生じることもある。精子が卵子よりもろいのも、それで納得がいく。精子は絶えず生産されている、つまり複製も常に行われているのだ。だから、遺伝子異常を起こしがちなのは精子――卵子ではない――である。絶えず行われる複製と再複製によって生じる遺伝子異常は、小人症、マルファン症候群、そして他の疾病を引き起こすが、父親の年齢がそれに関連しているというのが遺伝学者の考えだ。マラスピーナは医大にいるとき、このことを学んだ。統合失調症に全精力を傾ける彼女は、可能性が認知されている父親の精子内での遺伝子異常が、少なくとも部分的に統合失調症と関連しているのではないかと考えるようになった。

父親の年齢は本当に関係があるのか？

コロンビア大在学時、マラスピーナはイスラエルで行われたユニークな研究を知った。一九六〇年代から七〇年代にかけてエルサレム市内、および周辺における、すべての出生データが新生児の家族に関する情報とともに記録された。さらに子供たちはイスラエルの徴兵制度のため、一〇代後半で一連の医学的検査を受けた。「国内のユダヤ人は皆、徴兵委員会に報告しなければなりません。そこで知性、精神状態、医学的状態に関する強制検査が行われます」。こう語るのはマウントサイナイ医科大学の神経心理学者のエイブラハム・ライケンバーグで、彼はマラスピーナと共に、ここの住民に関する研究を行った。「この国を離れるか、もしくは死亡していない限り、実質的にすべての個人に検査は実施されます」。つまり全住民を網羅しているために、大学を卒業した人のみであるとか、医者にかかったことがある人だけといった、データに偏りが生じることはない。

二〇〇一年、高齢の父親から生まれた子供に統合失調症のリスクが高まるかを調べていたマラスピーナは、それが事実であることを突き止めた。散発性の統合失調症と父親の年齢の関連性について初めて大規模に行った研究で、研究者の多くは信じようとしなかった。「我々はこれが事実であると確信していましたが、他の人たちはそうは考えませんでした」とマラスピーナは言う。「子供をもつのに時間がかかった男性は、そもそも他の人と違っているのだというのです」。つまり、こうした高齢の父親は、自身に統合失調症の要素があるのかもしれない。はっきりと症状が認められるほどではないのだが、身を落ち着け、結婚し、子をもうけるのに、やや長い時間がかかってしまうということなのかもしれない、というわけだ。

他の住民を対象に繰り返し調査を行おうとした研究者グループもあった。これらの研究すべてにおいて、高齢の父親の子供に統合失調症のリスクが高まるのは、年齢以外に何かあるのか、研究者たちは綿密に調べた。その結果、年齢のみが要因であることがより明らかになったのだ。「少なくとも七回、同じ結果が得られました」こう語るのはアメリカ国立精神衛生研究所の統合失調症研究プログラムの責任者であるロバート・ハインセンである（同研究所はマラスピーナの研究に資金提供している）。「対象となったのは、スカンディナヴィアのサンプル、アメリカおよび日本の集団（コホート）であり、イスラエルの住民あるいはユダヤ系のバックグラウンドをもつ人々だけについての研究結果ではありません」

イスラエルの全住民を対象にした研究の可能性に刺激を受けたマラスピーナは、父親の年齢が子供の知力に影響を与えるかどうかを調査してみることにした。その結果、後から統合失調症を発症することになるティーンエイジャーは、発症しないティーンエイジャーと比べると、知能指数が若干低いことが明らかになった。マラスピーナとライケンバーグは次に、イスラエルの子供たちに関する情報に、彼らの親を対象に行われた医学的および知力テストのデータを組み合わせた。高齢の父親をもつ子は、連続した数字を記憶する、視覚的問題を解くといった非言語的知性のテスト結果に低下が見られた。そこから推察されるのは、統合失調症のリスクを増すものが、知性に関する脳の経路に影響を与えるのではないかということである。

自閉症との関係

徴兵検査が自閉症の若者を選別していたことを知っていた研究者たちは、それを利用して、自閉症が父親の年齢に関係しているかを確認できることに気がついた。「自閉症と統合失調症には共通点があります。ともに社交性が著しく欠けるという点です」とライケンバーグは言っている。「同様の危険因子が関係していると考えるべき、何らかの理由がありました」。二〇〇六年、彼とマラスピーナら、研究者チームは、四〇歳以上の父親をもつ子の場合、自閉症もしくは自閉症の関連疾患を発症するリスクが、三〇歳以下の父親をもつ子に比べると六倍になるという研究論文を発表した。その研究結果を私が耳にしたのは息子が生まれた翌日のことだった。

若い父親の場合、子供が自閉症スペクトラム障害を発症する確率は一万人に六人、高齢の父親だと一万人に三二人となる[9]（高齢の父親から生まれた子のリスクは約五倍ということになるが、統計上の調整をすると、実際には六倍以上になることがわかった）。五〇歳以上の父親から生まれた子の場合、発症の割合は一万人に五二人となる。

ライケンバーグは、その研究結果は揺るぎないものと受け止めている。母親の年齢が与える影響も完全には排除できないが、自閉症のリスク増大の原因は父親にあると確信したのだ。彼とマラスピーナは統合失調症の研究でも提起されてきた同じ疑問について思いを巡らせた。社会の中で孤立しがち、周囲と打ち解けにくい、そして軽度の言語障害を抱えている――やや自閉症の傾向があるのではないかと思われがちな――男性は結婚まで時間がかかるのでは？　もしそうならば、子供の自閉症のリスクは父親の年齢ではない、何か別の原因によるもの、ということになるのではないか。

その考えに対してはいくつかの反対意見があった。第一に、三〇代、四〇代、五〇代と、父親の年齢が上がるにつれて子の自閉症リスクは着実に増していく。もし、自閉症のリスクが父親のもつ社交的、言語的な障害と何らかの関係があるなら、年齢をたどるべきではない。第二に、男性と同じように自閉症の傾向が見られる母親に関しても同じ議論が交わされてきている。だが、母親の年齢と子供の自閉症リスクとをはっきりと結びつけるものは見つからなかったのだ。ライケンバーグとマラスピーナは父親の年齢に関連があると確信した。他の多くの研究者も同じ意見だった。

マウス実験再び

それ以来、ライケンバーグらの研究結果はいろいろな形で再発見され、展開されている。たとえば研究者たちは、高齢の父親の遺伝的特徴に着目して、子供に悪影響を及ぼす遺伝子の中で何が起きているのかを特定しようとしてきた[10]。統合失調症と自閉症は、コピー数多型と呼ばれる遺伝子変異と関連づけられている（コピー数多型とは、大まかに言えば、DNAの一部が誤って余分にコピーされて配列に挿入されるか、あるいは反対にその一部が欠損してしまう現象である）。そこで様々な年齢のオスのマウスを若いメスのマウスと交配してみると、高齢のオスの子の方が、若いオスの子に比べて、この種の変異をずっと起こしやすいことが明らかになった。つまり、これらの変異の存在によって、高齢の父親と、子供の統合失調症および自閉症のリスクの増大との関係が説明できるかもしれない。変異が多く生じれば、疾病の確率も高まるのである。

しかし、同じことが人間にも起こるのだろうか？　研究者たちは、知的障害をもつ（知的発達の遅れがあったり、社交や自立に問題がある）三四四三人の遺伝情報を集めて調べてみた。[11] すると、コピー数多型をもつ人の大半がそれを父親から受け継いでおり、しかもその変異は、とりわけ高齢の父親と関連があることがわかった。

高齢の父親の研究を続けていたライケンバーグも、メスのマウスを高齢のオスと若いオスと交配してみた。[12] 年齢のいった父マウスの子は、仲間との交流に消極的で、新しい環境を探索したがらなかった。こうした態度は、精神疾患でも見られる行動問題の一つである。

マラスピーナは、コロンビア大学でマウスの研究に携わっているジェイ・ギングリッチのもとで、高齢のオスの子マウスの研究を行うことにした。精神科医であり神経科学者でもあるギングリッチをもってしても、マウス自身に幻覚や幻聴に悩まされているかと尋ねることはできない。だが、統合失調症の患者がなかなか合格できないテストの類似品をマウスに応用することはできる。その一つが、子マウスをカフェテリアで使うトレイほどのサイズの箱――マウスにとって初めて目にする場所――の真ん中にそっと落とし、どれくらいの範囲を動き回るのかを見るというものだ。もし身を震わせてじっとしていれば、統合失調症に関わる脳の領域に障害があることがわかる。ギングリッチが実際に確かめてみると、高齢マウスの子は若いマウスの子に比べ、慣れない環境に溶け込むのが遅かった。

ギングリッチは、まったく異なるテストからも、父親の年齢に関係した同様の能力の低下を発見している。そのテストでは、大きな音で驚かされたときのマウスの反応を見た。マウスは人間とよく似ていて、大きな音を耳にすると驚いて飛び上がる習性がある。似ている点はそれだけではない——マウスも人間も、小さな音を聞かされてから大きな音を聞かされても、それほど驚かない。これはプレパルス抑制と呼ばれる現象で、事前の弱い刺激がその後の強い刺激の反応を抑制するのである。「統合失調症、自閉症、強迫神経症をはじめとした多くの神経精神疾患では、そのプレパルス抑制に異常が見られるのです」とギングリッチは私に語った。そして実際、先のテストでは高齢のマウスの子にその異常が多く見られることが示された。あまりに出来すぎた実験結果に、ギングリッチはにわかに信じることができなかったという。ポスドクのマリア・ミレキックと共に、若い父親の子マウスと高齢の父親の子マウスをそれぞれ約一〇〇匹ずつ検討した上で、ようやく結果が正しいと確信したのだ。

「私たちはこれが散発性統合失調症の主な原因だと考えています」とマラスピーナは言った。ということは、それはまた統合失調症の主な原因でもあるということだ。統合失調症の八〇％は散発性（非遺伝性）だからである。

広がる懸念

近年、自閉症の増加に関する話題が多く取り上げられるようになってきた。実際に増加しているという声もあれば、医師がより注意を向けるようになったために、症例が増えたのだという意見もある。私はライケンバーグに、父親の高齢化が自閉症の増加を説明する理由となるか聞いてみた。「実際に自閉症は増加していると私は思います。その一因として、親となる年齢が上がったことがあげられるかもしれません。だけど、それを証明するものはありません。他にも多くのリスク因子がここ何年かの増加傾向につながっている可能性もあるのです」彼はそう言った。

自閉症の増加が、父親の高齢化に起因するという考えは、二〇一二年の夏に一気に広まった。[13]きっかけはアイスランドの遺伝学者カリ・ステファンソンと彼の同僚がこの問題に取り組んだことだった。ステファンソンはレイキャヴィックに拠点を置くデコード・ジェネティクス社の最高経営責任者であり、同社はアイスランドの住民一四万人分の遺伝子サンプルおよびアイスランド全人口の千年前にさかのぼる家系図の記録などをもとにリサーチを行っている。ジェネティクス社は七八組の夫婦と彼らの子の遺伝子配列を比較、その結果、遺伝子変異は母親よりも父親から伝わるケースが多いことが明らかになった。さらにこうした変異は、父親の加齢と共に飛躍的に増えていくことがわかったのである。三六歳の男性と二〇歳の男性を比べると、変異が生じる数は二倍、七〇歳の男性では八倍にもなる。ジェネティクス社はまた、二〇一一年にアイスランド国内で出生した子で、変異が生じている数は一九六〇年当時よりも多いと推定した。その年月の間に、アイスランドで父親となる平均年齢が二八歳から三三歳に上昇している。変異の多くは無害だが、実際にアイスランド国内での統合失調症や自閉症の増加と関連づけられるものもあった。

こうした結果は、なぜ自閉症が増加傾向にあると思われるかという、付きまとって離れない問いへの新たな答えを示している。[14]ステファンソンは父親が高齢化した結果、自閉症の新たな症例が平均でどれくらい増加するかを試算した。高齢の父親から生まれた子供に見つかる変異は、自閉症全体の二〇〜三〇%の原因を占める可能性があり、これは驚くべき割合である。[15]ステファンソンの研究は、父親の高齢化に対する懸念として世界中の新聞各紙と電子版の一面、ウェブサイトなどで大きく取り上げられた。

私たちはどうすべきなのか？

研究者の多くは今では高齢の父親に関する発見を受け入れているが、一方でその発見が意味するところに誰もが同意をしているわけではない。「たいへん興味深い研究だと思います」と言うのは、統合失調症に精通した精神科医で、リーバー脳発達研究所の所長を務めるダニエル・ワインバーガーだ。ワインバーガーは、高齢の父親の子供の方が統合失調症の発症率が高いという研究結果は認めている。だが、それが統合失調症の最も重要な原因の一つだとするマラスピーナの説は買っていない。どの遺伝子がその疾患を引き起こすのかについて、研究者が知っていることはあまりに少ないと考えているからだ。「独創性に富んだ見解ですが、他の多くの独創的な見解と同じで、それによってメカニズムが解明されたわけではないのです」。ワインバーガーが知りたいのは、それがどうやって起こるかであって、その意味については二の次なのだという。

マラスピーナはメカニズムについての考察に時間を費やしてきた。男性が年をとるにつれ、子供にこうしたリスクが増大するのは、精子に何が起きているというのか？　最初に考えたのは、他の研究者たちも示唆したような、ごくありきたりの遺伝子変異だった。だが、父親の遺伝子のエピジェネティック的な変化という可能性もある。これまで見てきたように、遺伝子の中には父親か母親由来のものを示す印、すなわちゲノム刷り込みがある。マラスピーナは証明にはまだ至っていないが、男子が年を重ねるにつれ、遺伝子に情報を刷り込む細胞機構に異常が生じるのでは、と考えている。統合失調症、自閉症、あるいは他の父親の年齢が関係すると見られている病気はこうした刷り込みの異常によるものではないか、というのが彼女の考えである。といって、統合失調症の人たちの脳を突っつき回して、刷り込み異常が起きているのか見ることなどできない。ただ、ギングリッチの研究室にいるマウスでそれはできる。彼はマウスの脳組織の遺伝子刷り込みを調べているが、そこでエラーを見つけることができると請け合っている。この研究はすなわち、高齢の父親をもつ子供たちに、統合失調症のリスクが増えるメカニズムは何なのかという、ワインバーガーの懸念を解消するものなのだ。

統合失調症や自閉症の原因となる遺伝的要因が特定されるというのは、これらの病気の解明が飛躍的に進むことを意味している。「資金を投入し、この研究を突き詰めていくつもりです。遺伝子の研究で何とか答えを導き出したいと私たちは切望しているのです」。国立精神保健研究所のトーマス・インセルはこう言う。「たいへん興味深い見解です」と。辛抱強くやれば、そしてちょっぴり運も味方すれば、この研究は統合失調症および自閉症治療の進歩につながり、ひいては治療法も見えてくることだろう。

そうなるまでは、高齢出産の女性たちに対して医師が行う胎児検査、つまりダウン症診断のような検査は統合失調症や自閉症では不可能だ。どちらに対しても出生前診断はなく、また父親の年齢が関係する他の遺伝子異常も症例はきわめて少ないので、高齢のカップルにそうした検査をすべて受けてもらうのは、たとえ検査がごく普通に可能だったとしても、現実的ではない。高齢の男性の精子を分析して、生まれてくる子供が問題を抱えているかのリスク判断もまだ不可能である。医師にできるのは、高齢の父親たちにそうしたリスクを伝えることで、説明を受けた上での決断を彼らができるようにする、ということだけだ。だが、それすらも行われていない。これは変えていくべきである。遺伝子カウンセラーがその可能性について触れることはないが、それはリスクを減らす手立てがないからだ。だが、リスクを聞いた上で、子供をもたないと決断する夫婦もいるかもしれない。選択肢は与えられるべきものだ。

アメリカ臨床遺伝学会では、リスクについて言及し、高齢の父親にダウン症のリスクだけを伝えるべきという提案をしている。[16] 統合失調症と自閉症のリスクについての告知は提案していない。意見書は「子をもつ予定の夫婦は個別の遺伝子カウンセリングを受け、自分たちが抱いている具体的な懸念を伝えるのが望ましい」と結んでいる。つまりこれは、年齢がいってから父親になることのリスクを懸念するカップルは、そのことを質問すべきだ、という意味だと私は解釈する。だが、もし「具体的な懸念」を口にしなければ、リスクに関しては何も言われないだろうということだ。

それは間違っているように私には思える。私はアメリカ遺伝医学カレッジの二人の元学長、チャールズ・エプスタインとマリリン・ジョーンズに電話し、この「聞かざる、言わざる」方針は、新たな研究結果が報告されていることを考えると、ふさわしいと言えるのか聞いてみた。[17]「他人に対しては常に誠実であり、知りたいことはきちんと伝える、というのが私の個人的な信条です」。エプスタインはそう言った。しかし、「カウンセリングに訪れる人に、毎回その信条を持ち出したら、安心よりもむしろ不安が生まれることになるでしょう」

では高齢の女性が子供を産む場合、ダウン症に関してあれこれと言うのは何なのか？　父親が高齢の場合にもそのリスクは変わらないのにだ。「ダウン症の話を持ち出すのは、そうしないと訴えられるからです」そう彼は言った。「その上で選択肢があります。出生前診断を受けて、中絶するという選択肢です」。エプスタインは新生児が何らかの異常をもって生まれる割合は二～四％であると指摘する。つまり、五〇歳以上の父親をもつ子供が統合失調症となる確率が三％というのは他のリスクと比べて突出しているわけではない、というのだ。こういう言い方の方が、恐怖心はより薄らぐかもしれない。五〇歳の男性から統合失調症ではない子供が生まれる確率は九七％である、と。

ジョーンズもエプスタインと同じだった。「カウンセリングに来る年嵩の夫婦に父親の年齢を取沙汰することは通常しません。そのリスクを判定する単純明快な方法がないからです」。そう彼女は言った。「もしそれが不安を煽るだけだとしたら、カウンセラーにしろ、精神科医にしろ、口にすることはないでしょう」。ニューヨーク大学医療倫理学部長のアーサー・キャプランは遺伝学者の不干渉主義には反対だ。「自分たちがもっている情報をきちんと開示すべきです」と彼は言った。[18]「親としては心構えが必要です、さもないと子を産むか否かの判断に影響を及ぼしかねません」。親がすべて知ることが重要だ、なぜなら「誰も代弁してあげることができない誰か――生まれてくる子供――の健康に関わること」だからだ、と。ジョーンズは私に尋ねた。エリザベスが息子を身ごもったとき、そうしたリスクについて知っていたらあなたはどうしていましたか？　答えは……多分何もしなかっただろう。でもあのとき言ってほしかったと思う。

本当の問題

統合失調症と自閉症に関する新事実は、父親の高齢化に関連して生じてくるかもしれぬ諸問題の始まりだと懸念を示す研究者もいる。「もし、一般的に知られたある病気が生物学上の父親の年齢と関連するとなれば、他にもそういった病気が見つかるはずだ、と間違いなく考えるだろう」こう記したのは、シカゴ大学の精神科医エリオット・ガーションである。「年が大分いってから子育てをするのが男女にとって当たり前となった今、医療現場は大変なことになっている。不妊症はダウン症同様に女性の子育てが遅れるときに起こる問題だった。それが今や、子育てが遅れる男性の場合も医療的な代償を支払うことになったのだ」

ノースウェスタン大学の精神科医であり、統合失調症の権威として知られるハーバート・メルツァーは、高齢の父親をもつ子供が抱えるリスクが、ゆくゆくは高齢の女性が直面するリスクと同じく問題視されるだろうと確信している。

「より大きな社会問題となっていくでしょう」と彼は言った。「統合失調症は恐ろしい病気であり、あらゆる手段で減らしていくことがきわめて重要なのです[19]」。メルツァーによれば、選んだ相手の子を産もうとするならこのことに留意し、また男性は若いうちに精子を保存した方が良い、という。

ある高名な統合失調症の研究者は、四二歳で結婚した息子が気がかりである、とこの問題に対する懸念を露わにした。「息子への注意喚起としてこの件を持ち出しました。心配させるのではありません。意識してもらうためです」。彼はそう言った。「彼ら夫妻にとって、子作り計画を早めた方が良いと思ったからです」

マラスピーナは、高齢の男性にああしろ、こうしろというのは良いとは考えない。だが、そうした中立的な態度がかえって反発を招いた。「私は、男性が幾つになっていようと家庭をもつことを否定するつもりはありません。するとこんなメールを頂きました。『よくもそんなことが言えますね。あなたにはあの病気を抱える苦しみがわからないんですか？』。父親が何歳であろうと、子供が抱えるリスクは小さい。私が言いたいのはそれだけです」。男性がリスクを意識し、どうするかは自身で決断できるようにすればいい、というのがマラスピーナの信念だ。「男性も女性と同じように、問題として知っておくべきです。男女にとって一番健康な子供を生めるのは二〇代なのです」

マラスピーナ自身もまた、その問題と関わってきた。統合失調症の妹をもつことで、三％の確率で統合失調症の子を産む危険——まさに私の息子が生まれるときと同じだ——に直面したのである。それでも、彼女は子を産もうと決めた。その娘は今カレッジに籍を置き、医学部を目指している。

本当の問題は若くして子をもつことがどんどん難しくなっている現代社会にこそあると、マラスピーナは言う。「保育の場をもっと提供した方が良いでしょう。子を産んだ後も仕事も続けられるようにする必要があります」。彼女のまわりでも、学生はインターンと研修医期間を終了し、生計を立てられるようになるまでは子供を作らない、というのが決まりごとのようになっている。結果、子育てに最も適した歳月を食いつぶすことになるのだ。これは女性の年齢のみが問題となっていた頃の話である。父親の年齢リスクも明らかになりつつある今、その重要性は倍加している。

高齢の父親がもたらす福音

年をとってから父親になることに関して、良い話はあまり聞こえてこなかったが、高齢の父親の遺伝子が子供に恩恵をもたらす例もいくつか見つかっている。一つめは、私にとって思いもかけない衝撃的なものだった。高齢の父親から生まれた子供は、長寿に関連する特定の遺伝的特徴をもっているというのだ。これはその子供の子供、つまり高齢の父親の孫にも当てはまるという。長寿の可能性は少なくとも二世代にわたるのである。ということは、高齢の父親をもつ子供——彼らの子供が生まれたとき、お爺ちゃんはかなりの高齢だ——は、この恩恵を二重に受けていると言えるだろう。

いま紹介した遺伝上の恩恵は、テロメアと呼ばれる構造の変化によるものだ。テロメアは染色体の末端にあり、染色体が分裂するときに傷つかないようにする保護キャップの役割を果たしている。[20]年齢を重ねるごとにほとんどの細胞内のテロメアは短くなっていき、老化現象が起きる原因の一部はそれで説明がつくと考えられる。高齢の父親から生まれた子供のテロメアは通常よりも長い。しかも、その長いテロメアは次の世代にも受け継がれ、さらに長くなる場合もあるようだ。テロメアの長さは、健康と長寿につながるとされている。高齢の父親からの嬉しい贈り物というわけだ。

二つめの興味をそそる発見は、若い父親をもつ子供に比べて高齢の父親の子供は背が若干高く、スリムな体型に育つということである。[21]父親が三〇歳以上で生まれた子供は、三〇歳以下で生まれた子に比べて平均で二～三センチ高いことがわかった。また、成人してからの肥満のリスクも低くなる。ところが、心臓疾患のリスクの低減に関わるＨＤＬコレステロールの数値もまた低いのだ。つまり、成人すると心臓疾患のリスクが高まることになる。父親の年齢によって生じる問題の方がそれによって受ける恩恵よりもはるかに多いのは確かだが、メリットとデメリットが入り混じった状況は、分子レベルで何が起きているかを知る必要を示唆している。男性にも出産可能年齢というものがあるのかもしれないが、生物学は複雑であり、そうした体内時計も異常な刻み方をするものかもしれない。

数年前、エヴァーグリーン・ステート・カレッジでクリエイティヴ・ライティングを教えていたトーマス・フート元教授は、高齢の父親たちがどうやって不規則な体内時計と折り合いをつけているかを明らかにしようとした。彼はまず年嵩の父親たちに自身の体験談を語ってもらった（フート夫妻の間には、彼が六〇歳のときに授かったダウン症の息子がいる）。たいていの人は二度目の結婚で年下の妻からの励ましもあり、子供をもつことにした、という。父親となることがこれほど楽しいとは思わなかったと言う人も多かった。最初の結婚で子供がいる人たちはたいてい今度こそうまくやろう、当時の子育てでやった間違いを改めるチャンスだと感じていた。そしてほとんどの人は若くして父親となったときより、子供と一緒にいる時間を増やし、より密接な関係が築けていると実感していることがわかった。

年をとってから父親となることの喜びと危険がないまぜとなったこのほろ苦い経験は、ある種の痛快復讐劇として多くの文化人コメンテイターを一網打尽にした。女性は子供を産むか産まないかの決断について長年向き合ってきた。父親はこれまで免除されてきたようなもの。子をもつことについては、それが賢明か否かは別として何歳になっても可能であるとされてきたのだ。父親の年齢が子に危険を及ぼすというのは、これまで予期していなかった考えであり、気がかりなことでもある。妻と私が二人目の子を授かったのは年配で父親となることに伴うリスクを知ってからである。二人とも無事に育ち、もう自閉症の心配をする必要はない。だが、統合失調症を発症する可能性が払しょくされたことを確信するにはまだまだ何年もかかる。それほど心配しているわけでもないが、完全にその不安を取り除くこともまだできないでいる。

9　父親の役割

私が育ったのはデトロイト郊外、かぼちゃ色をしたレンガ造りの小さな家が立ち並ぶ住宅街だった。各戸の前庭には、倒れないように添え木をしたアカマツの若木があり、裏庭にはたいてい、バーベキュー用の三本脚のケトルグリルとコンクリート製の鳥の水浴び台が置いてあったものだ。

近所の家の父親たちは、自動車工場か、そこに下ろすパーツの製造工場、そうでなければ工具や金型を売る店に勤めるのが普通だった。私の父もその一人だ。朝七時から夕方の三時半まで働き、四時には家に帰っていた。まわりの家がそうだったように、私たち一家もまた典型的なアメリカ人家庭だった。一台のテレビ、一台の自家用車、そして一つの夢をもっていたのである。その夢とは、両親が果たせなかった大学進学を妹と私にはさせてやりたいというものだった。

しかし見方を変えれば、あの一画で私たちほど変わっていた一家もなかった。近所の母親たちが外で働くようになるずっと前から、私の母はフォードの工場で週三回、夜間のパートに出ていたのだ。母のようなパート職員は、一般の社員がすでにいなくなった午後五時に出社して、午後一〇時（遅いときには一一時）まで働いていた。秘書が日中に片付けられなかったメモや手紙のタイピングが仕事だった。

仕事から帰ってきた父と入れ替わりで母が家を出るので、私たち子供の夕食を作るのは父の役目だった。食事が終わると私たちはテレビを見たり、父が考案した「ゴースト」という遊びをやったりした。この遊びは、明かりを消した家の中を私と妹がどきどきしながら身を寄せ合って歩いていると、思わぬところから父が飛び出してきて驚かせるというものだ（当時の私は知る由もなかったが、ここまで見てきたように、この種の遊びは父親によるレクリエーションとしてはよく知られたものだ）。

私の両親は、ジェンダーロールの改革を目指したり、夫婦同権を唱えたり、社会運動に発展させようと目論んだりしていたわけではない。家族を養おうとしただけだ。結婚してから二年間、両親は私の祖母と暮らしていた。新居の頭金を貯めるためである。今ではあり得ない話に思えるが、一万三〇〇〇ドルの一戸建てに対する月々六五ドルのローンは、共働きをしなければ払えなかったのだ。

他の家の母親たちもパートの仕事を始め、やがてフルタイムで働くようになったのは、皆さんもご存じのとおりだ。こうしてアメリカ人の家庭生活は決定的に変貌することになった。今日の中流家庭において、どちらか一方の親の収入だけで暮らしていくことは、ほぼ不可能と言っていい。

これが一九六〇年代のことで、家庭内の労働の分担について論じる際には、この時代から始めるのが一般的だ。より長期的な視野で見るなら、第二次世界大戦中の女性の雇用、いやひょっとすると、男性が工場に働きに出かけるようになった産業革命直後から始めることもあるかもしれない。だが実のところ、家庭内の分業の起源はそれよりもはるか昔のことだ。先史時代にまでさかのぼってみると、父親と母親が家での役割を分け、子供に対しても、また家庭の経済と安泰に対しても違った役割を担っていた。

だが、父親が家族と離れて暮らすケースが増えるとともに、家庭の仕組みがこの数十年で変化してきたこともまた事実である——こうした状況が父親の不在および、それが子供に及ぼす深刻な影響についての激烈な議論を呼び起こしてきた。それについて考えると、様々な意見があるだろうが、父親がいない家庭は父親の役割について別な理解の仕方を——彼らの不在でどんなことが起きるのかを見ることで——提供してくれる。まずは家の中で、そして家族のために父親がやることと認識されてきたことを見た上で、父親がいない家庭に目を向けてみようと思う。

火の使用とジェンダーロール

有史以前の人類の社会行動がどのようなものであったかについては、証明も反証も難しい。結局のところ、そこで何が起きていたかは私たちには知りようもないからだ。だが、ハーバード大学の人類学者リチャード・ランガムによると、ジェンダーに応じた労働の分担は「ヒューマン・ユニバーサル」、つまり人類に普遍的に見られ、あらゆる文化に当てはまるのだという[1]。言い換えれば、そうした分担が、少なくとも六万年前（人類が世界中に拡散し、文化が多様化し始める以前）に存在していたということだ。ランガムは、労働の分担がなぜ、どのように起きたのかについても興味深い見解を示している。

私がランガムの研究に興味をそそられたのは、父親と家族に関して多く語っているだけでなく、人間の家族生活について長期的視野に立って考察し、これまで自分たちが真実だと信じて疑わなかったものを見直してみなさいと私たちを焚きつけるからだ。ランガムは火の発見から手をつけた。ジェンダーによる役割分担がどのように生じていったのかを知るために、ランガムはバリー・ヒューレットなどの研究者のように、現代の狩猟採集民の観察に頼った。ランガムの場合はタンザニア北部のハッザ族だった。朝、ハッザの女性たちは赤ん坊や子供たちを連れて、彼らの食事に欠かせないエクワと呼ばれる芋を探しに行く。数時間かけて一日分のエクワを集め、それから昼食休憩――焼いたエクワというささやかなごちそう――をさっさと済ませると、一人一〇キロ以上の芋を抱えて集落めざして帰路に着く。男たちはといえば朝、弓と矢を持って集落を出て、夕食用の食べ物を探し回る。肉を持ち帰る者もいれば、ハチミツを取ってくる者もいるし、手ぶらで帰ってくる者もいる。

ここで注目したいのが、男女の仕事ばかりでなく、集める食料の内容もまた違っている点だ。男性と女性では買い物リストに載っている品目が異なっていて、多くの場合、女性は日常的な食料を、男性はごちそうになる食料を持ち帰ってくる。ハッザ族の生活で注目すべきことは他にもある。彼らは食料を貯蔵し、それを皆で分かち合うのだ。そんなに驚くことではないと思われるかもしれないが、自然界では実はきわめて珍しい現象だ――霊長類で大人同士が食料を共有するのは、人間だけなのである。「テナガザルやゴリラなど、数多くの霊長類が家族的な集団を形成する……。こうした種のオスとメスは終日一緒に過ごし、互いに親切にし、協力して子育てをする。しかし、人間のように大人同士が食料を与え合うことは決してない」とランガムは書いている。

家庭内の労働の分担や共有に対しては、これまで様々な価値が与えられてきた。たとえば、社会学者のエミール・デュルケームは、分業によって「家族間のきずなが生まれる」ことで、道徳的なふるまいが促されると考えた。その他にも、分業は人間の知性と協調性を間違いなく進化させたと主張する学者もいたし、ある人類学者の夫婦は、性別による分業を「人類と類人猿の生活様式を分化させた分岐点」と呼んだ。ランガムも分業の大切さを認めているが、それに付随して発展してきたものに、より重きを置いている。それが調理である。類人猿は、起きている時間のおよそ半分を咀嚼に費やしている。というのも、類人猿の食べ物（たいていは熟れた果実だが、食用に適さない果肉やタネも同時に食べる場合が多い）は生(なま)であり、それを飲み込んで消化するには、かなりの時間をかけて噛んでおく必要があるからだ。私たちだって、もしゴリラと同じような食事をすることになれば、一日の四〇％近くは噛むことに費やさざるを得ないだろう。狩猟者が毎日五時間を食事に費やしていたら、狩りをする時間が十分に取れなくなってしまうはずだ。調理済みの食べ物は、より柔らかく食べやすいので、男たちは素早く食事をすることができる。調理が労働時間を延長したとランガムは主張する。男たちは狩りが自由にできるようになり、それが男女の分業に重要な役割を果たしたのだ。

火は食事の時間を短縮するだけではなかった。狩りから戻ってきた者は、日が落ちてからも食事ができるようになり、有効に使える時間を増やす役割もあったからだ。狩猟者は暗くなるまで獲物を追い、家族のもとへ戻ってからでも食事ができるようになったのである。それは女性や子供も含め、誰にとっても良いことだった。だがランガムによると、とりわけ得をしたのは男性なのだという。女性たちが彼らに毎晩食事を用意してくれたからだ。これほどおいしい思いができたのは、そうなるように男性が女性を脅したせいだとランガムは見ている。それは「共同体の男たちとのつながりを利用して、妻が強奪されるのを防いだことに対する用心棒代だった。女たちは料理をすることによって、そのお返しをしたのだ」。

例外はあるのか？

研究者はこうした性別による分業の例外を見つけようとしたが、あまり成果は上がらなかった。一九七〇年代に発表された論文で、一八五の異なる文化圏を対象に調理などの家庭内活動を調査したものがある。そこで明らかになったのは、全体の九八％の社会で女性が調理をしていたことだ。この種の研究は繰り返し行われるものではないが、数十年が経過した現在までに、大きな変化が起きたとは考えにくい。論文によると、男女が料理をするという珍しい共同体もあったが、その場合でも、男性は共同体のために料理をするのであって、家の食事を作るのはやはり女性たちの役目だったという。ちなみにいくつかの集団では、男性が調理をする小さな例外が見つかっている——男性の方が好んで肉を焼いていたのだ（どうやら男性のバーベキュー好きは、現代の発明でもアメリカ人の発明でもなく、世界中に広がった人間行動の最新例のようだ）。

ランガムは、どんなに小さな集団でもいいから、このパターンを打ち破る共同体が一つでもないかと、方々を探し回った。そして見つけたのが、人類学者のマリア・リポウスキーによる、南太平洋のバナチナイ島の住人の研究だった。「暮らし向きは、女性にとって実に良いものだった」とランガムは書いている。「男も女も宴の主人になれるし……豚を飼育でき、狩猟ができ、釣りができ、戦闘に参加でき、土地を所有し相続できる……」。これは、多くの点で男女の平等を示す興味深い事例だった。それでも、料理と皿洗い、水汲み、豚の糞の片付けは、すべて女性がやっていたのである。

このしきたりが、歴史の流れのなかでどこかに埋もれてしまうことがなかったというのは注目すべき点だ。乱平面造りの家、あるいは高層階マンションに住むアメリカ人の家庭と森に住む狩猟採集民とに共通点はあまりないが、大まかに言えば家族の仕組みについては同じなのだ。ランガムは次のように述べている。「料理をすることは栄養面で大きなプラスをもたらした。しかし、女性は男性優位社会の中で新たに従属的な役割を強いられるようになった……それはあまり喜ばしいことではない」

ランガムの料理に関する仮説に対しては異論もある。たとえば、時期の問題である。ランガムは食べ物を調理するのは人類の祖先で一九〇万〜一六〇万年前に登場したホモ・エレクトゥスの時代に始まったと考えている。それ以前に登場したホモ・ハビリスよりもずっと脳が大きく、それは調理を始めたことによるものというのがランガムの考えである。脳が大きくなるのと同時期に、人類の歯の大きさが縮小化していったのも、調理の出現した兆候である。というのも、調理されたものは噛みやすいからだというのだ。そこで問題になるのが、人類がその時点ですでに火を発見していたのか、ということだ。ミシガン大学の考古学者C・ローリング・ブレイスは、ネアンデルタール人が火を使うようになったのは二〇万年前であり、ランガムの説が主張する時期と大きくかけ離れている、と指摘している[2]。脳と歯のサイズに変化をもたらしたのは調理の登場ではなく、食習慣の変化であった可能性があるのだ。そうした批判があるにもかかわらず、ランガムの説は人々を惹きつけてやまない。また、分業が根強く残るなかで、現代の家族におけるジェンダーロールに関する議論に、重要な進化論的視点を与えている。

仕事と家庭の時間割

およそ一万年前に農業が始まってからも、この種の分業は続いた。男性は田畑を耕し、女性は食事の支度をした。子供の世話も大半が女性の担当だった。五〇〇〇年前に最初の国家が誕生しても、その流れは変わらなかった。考え違いをしてほしくないのだが、なにも有史以前に現れた家庭内の労働の分担が、これからも私たちにずっとついて回ると言いたいわけではない。そもそも進化論からは、女性は料理を必ず担当すべきだという主張は読み取れない。大切なのは、もし家庭内の労働の分担を様変わりさせたければ、現在のような状態が生まれたのが、私たちの両親、祖父母、曽祖父母の世代ではないと知ることが役に立つ、ということだ。それはずっと昔から定着していた。私たちのジェンダーロールは、かなり長い時間にわたり存続してきたものなのだ。

家事と育児における母親と父親の役割についての議論で、こうした長期的な視点から始めているものは多くない。だが、父親について何かを学ぼうと思うのなら、数十万年にわたって人類史を特徴づけてきたそれぞれの生活状況において、父親のあり方がどう形づくられてきたかを見ていく必要があるだろう。農業の始まり、国家の誕生、工業の発展はどれも、家族の生活に劇的な変化を強いてきた。人類の歴史のほとんどの期間において、父親は子供を守り、子供が生き抜き繁栄するために必要な術を教える責任を負ってきた。そうした状況が何万年も変わることなく続いたので、父親たちはその要求に適応し、それが当たり前の状態になったのである。

長い先史時代には父親が子供に仕事を教えていた。[3] 子供は父親のやることを見て、一緒に働くことも多かった。だが今では、子供の方が父親に携帯電話やパソコンの使い方を教えてあげている。父が子に伝える文化的伝統と、子が父に紹介するポップカルチャーが互いに張り合っているのだ。私たちはもはや、子供を守ったり教育したりする能力だけで父親を判断していない。そうした仕事は国家に委ねているからだ。その代わり私たちは、家族に対する経済的な貢献と、どれだけ面倒を見るかという点を新しい判断基準にしている。現代の父親は、わが子を他人に教えてもらう必要があって金を稼いでいるのである。

アメリカにおける仕事と家族生活の変化は、過去五〇年間で加速し、いまやそれがお馴染みの傾向となっている[4]。一九六五年には一六〜六四歳の女性のうち就業していたのは四二%だった。男性は実に八五%、女性の二倍以上だった。女性の雇用は二〇世紀の残りの期間で上昇、二〇〇〇年には六八%とピークに達した後、二〇一一年には六二%にまで落ち込んだが、これは主に景気の後退によるものである。女性が増えたのに対して、男性の雇用率は二〇一一年を通して七一%まで下がった。

しかし母親と父親に見られる傾向の違いは、数字が示すよりはるかに大きい。同時期、一九六五年から二〇一一年にかけて男性の週の労働時間は四二時間から三七時間にまで減った。母親の場合、その傾向はここでも逆だった。女性が収入を得るための仕事に費やした時間は一九六五年に週平均八・四時間だったのが、二〇一一年には二一・四時間になっている。加えて、父親と母親ともに、子供と一緒に過ごす時間は増えている。父親では一九六五年の週二・五時間から七・三時間と、ほぼ三倍に達している。母親が子と過ごす時間は微増といったところだが、現在は週一三・五時間で、父親のほぼ二倍にあたる。母親が家事と子育てに費やす時間は父親よりも多く、この格差は周知の事実だ。だが、男性と女性が家庭の内と外で働いた時間を合わせると、驚くほどの一致が見られるのだ。父親は有給と無報酬の仕事を合わせると週五四・二時間であり、母親の場合は五二・七時間である。つまり、不一致や相違する部分はあるものの、母親と父親の働く時間は大まかに言えば同じなのだ。母親も父親も二〇一一年は一九六五年当時より週三時間も多く働いている。

家族と仕事研究所のエレン・ガリンスキーらは、女性よりも男性の方が仕事と家庭の両立での葛藤を経験するという研究結果を明らかにしたが、仕事と家庭に関する議論が女性を中心に行われてきたことを考えると、驚きの事実といえるだろう。[5] 大きな変化が起きているのだ。二〇〇九年に国内の男女を対象にサンプル調査したところ、四九％の男性が仕事と家庭の葛藤を経験していて、一九七七年の三四％から上昇している。女性は二〇〇九年に四三％、男性の方が上回っているのだ。仕事と家庭の葛藤が男性の専売特許ということを意味しているのではない。もはや女性の専売特許ではない、ということである。

他の国々と比較してみれば、よりはっきりとしてくる。「過労死」という言葉がある日本を含む先進諸国のなかでも、アメリカ人は最も多く働いている。[6] アメリカは民主主義国家、主要三〇か国のなかで唯一、労働者の有給産後休暇を保障する法律がない国である。無給の産後休暇ですら、アメリカ人労働者の半数しか取得できない。多くのアメリカ人が病欠した分は無給だし、また労働時間の上限なしに働かされる可能性もあるのだ。

父親を悩ます様々な葛藤

仕事と家庭の間の葛藤に悩む父親が増えている一方で、同じ悩みをもつ母親の割合が比較的安定しているのは、なぜだろうか？　多くの男性が、給料は据え置きなのに勤め先ではもっと働けと尻を叩かれているように感じ、また仕事と家庭の生活との境界線が曖昧になっていると言う(7)。特に男親にとっては厳しい状況にあるのだ。興味深いことに、週あたりの労働時間は、彼らの方が家庭をもたない男性に比べてずっと多い。その逆なのではと思われるだろうが、子供をもつ人の方が長時間労働なのだ。というのも、彼らにとっては家族を養うのに残業手当が欠かせないからである。仕事と家庭の葛藤に最も悩まされるのは、フレックスに働くことが昇進に響くと思い込む男性、また上司のせいで家庭内の緊急事にも対応しづらい、仕事の予定が突然変えられてしまう、といった男性たちである。ガリンスキーによると、男性は「男らしさの神話(メイル・ミスティック)」という、あり得ない理想の姿を父親に求めている。言い換えれば、女性と同じように、今や男性はすべてを手に入れようというプレッシャーを味わっているのだ。

ガリンスキーはこの事態を変えるのは可能だと考えるが、それは「仕事と家庭に対する個人の考え方から、効果的な職場環境設計、また男性、女性の理想像を一掃するような文化的な変化に至る、すべてのレベルでの変化」が起こった場合のみに限られる、としている。新たな男性の理想像は「女性に求められる理想像が女性たちに悪影響を与えるのと同じように、男性を阻害している」と言う。

職場と家庭において、男性が自分の責任であると考え、それを果たそうとするときに直面する困難は、予想をはるかに上回る(8)。妊娠第三期に入った頃、男性も女性も口を揃えて、赤ん坊の世話は父親というよりはむしろ母親の役目だと言う。だが、彼らの子が生後六ヶ月の時点で労働分担について尋ねられると、母親のやることは思っていたよりもはるかに多い――父親のやることは思ったより少ない――という声がほとんどである。一家を養うには男性の稼ぎが必要なので、どうしてもそうなることが多いのだが、父親としては不服に感じることも多い。ある研究では、一人の父親が自分の給与が家族に対する貢献度として、あるべき「評価」がなされていない、という不満を露わにしている。妻が友人たちから、旦那はなぜもっと赤ん坊と一緒にいる時間を作らないのか、と聞かれることもあるそうだ。「俺は週六日、一日一〇時間、工場で身を粉にして働いて（娘の）面倒を見てるんだ」と彼は述べている。

ペンシルベニア大学の社会学者アネット・ラローによれば、仕事と家庭の葛藤が、男性を家族から遠ざける結果を生むという[9]。ラローと彼女の研究チームは三、四年生の子がいる家庭を何度か訪問し、親と子供たちに一家での父親の役割について聞き取りをした。すると、父親に対する聞き取りは思っていたよりも大変だということがわかった。男たちは一緒にいる時間が長かった場合でも、家族の生活に関する詳細は知らなかったのだ。ラローによると父親は「家庭内において強力な存在感を発揮」し、「子供へ愛情とユーモア、アドバイスを与えていた」。しかし、彼らはごく簡単な質問にも答えられず、しばしば妻が言うことを鵜呑みにしている、と言ったという。ある父親は自分の息子がいるクラスの名簿を見せられ、どの子の親を知っているか聞かれた。彼は聞いたことがある名前もあるが、定かではないと答えた。そして妻の名を出してこう言ったのだ。「（妻の）ハリエットなら、私が知っている親御さんがわかるはずだ」。彼はその家族を知らなかったのではない、たんに誰がどの名前だか覚えていなかっただけなのだ。

こうしたうっかりミスを連発するにもかかわらず、ラローは父親が家族生活のなかで重要な存在であり、家族を「支配する」ことを発見した。「父親が家族生活に彩りや楽しさ、しきたり、そして「アクセント」を加える。母親は心配し、叱り、罰する方である。陽気な父親たち……私たちは研究に参加してくれた彼らが家族のムードを盛り上げ、明るくしようとしていることに、何度も心を打たれた」。父親はまた学校では必ずしも教わることのない、ラロー曰く「生きる術」を母親と協力して子に教えていた。父親は男らしさと肉体的な能力の大切さを強調し、子供たちの学校での運動能力の向上、宿題、友人関係にとりわけ関心を抱いていた。また、これは特に男の子に対してだが、何か問題が起きたときの事態の解決方法も教えていた。

専業主夫には専業主婦と同質の育児ができないという暗黙の世間の態度に対しても、父親は立ち向かっている。[10] ヴィクトリア・ブレスコルはイエール大学経営大学院の同僚と共に、育児に対する社会的態度をまとめた結果、非伝統的な役割に対しては不名誉の烙印が押されることを明らかにした。働く女性が増えていくと、家にじっとしている女性は、仕事をもつ女性ほど好意的な目で見られなくなってくると思われるかもしれないが、違うことがわかったのだ。研究対象の家族からは、女性が専業主婦で男性が働く家庭の方が、女性が働いて男性が専業主夫をするよりも好ましく思われていたのだ。多くの父親が育児休暇をほんの少ししか取らないか（取れる場合だが）、まったく取らない理由はここにあるのかもしれない。[11] 男性にとって子供と家にいることは――たとえ一時的にせよ――不名誉なことなのかもしれない。

さらに、ブレスコルの研究に参加した人々はこうした考え方に、何の決まり悪さもためらいも見せなかった。つまり「夫が専業主夫で女性が働くことに対する偏見や考え方は強固であり、しかも偏見をもつことへの気まずさも感じていない」ということを表している、と彼女は言う。「父親が一家の稼ぎ手の場合、また夫婦共働きで父親が母親と同じように家事をこなしている場合は、お金を稼いでいるのだからそれで良い、と考えられているようです」。しかし、もし夫がパートタイムで子の世話に結構な時間を取っていたら、人々は厳しい目を向けるようになる。ステレオタイプは依然としてあるのだ。父親がまずなすべきことは、経済面で家族を支えることだ、と。

子育てから閉め出される父親たち

家庭の中で父親が果たす役割には、周囲の態度や状況など数多くの要素が影響を与えているが、なかでも注目されているのは、マターナル・ゲートキーピング〔母親の門番的行為〕と呼ばれるものだ。これは、女性によって男性の家事や育児への参加が阻まれているかもしれないという、物議をかもしている概念である。[12] 今日では女性の社会進出が当たり前になり、男性の間では子供と一緒に過ごすことへの関心が高まっているというのに、家事や育児をこなすのは相変わらず母親が中心だ。ひょっとすると、ジェンダーロールに関する因習的な考え方から、女性も男性もまだ抜け出せていないのかもしれない。しかしながら、一部の研究者によると、母親のなかにはそうした家庭内の仕事に父親が関わるのを邪魔する者がいると信じるに足る理由があるのだという。

こうした力関係のルーツは、男たちが工場で働き、女たちが家事の切り盛りを専門的に行うようになった二〇世紀初頭にさかのぼる。母親と父親の役割が断絶しているこの状態は、一九六〇年代に入り、フェミニズム運動がこれらのジェンダー的なステレオタイプに異を唱え始めたときでも、変わらず健在だった。女性が外で働くようになり、男性も家事に関わるのが一般的になってきた現在でも、女性の方が多くの家事をこなすという事実に変わりはない。ある研究によると、「女性のなかには、自分が子育ての中心にいることを大切に思うと同時に腹立たしく感じたり、パートナーの男性が子育てに加入してくることに安堵すると同時に居場所を奪われたと感じる人もいる」のだという[13]。夫にもっと育児に参加してほしいと望んでいる女性は多い。だがその一方で、夫が今以上に子育てに関わることを六〇～八〇%の女性は望んでいないという研究報告もいくつかある。

母親が父親を家庭生活から遠ざけているという告発は重大なものだ。というのも、職場環境に劇的な変化が起きているなかで、家庭内の責任の分担が合理的な方向に進展するのを他ならぬ女性自身が妨害していると非難することになるからだ。だが、それを裏づける証拠もある。オハイオ州立大学のサラ・ショップ＝サリヴァンの研究チームによる研究報告も、そのうちの一つだ。

この研究では、九七組のカップルを対象に第一子が生まれる前に育児に対する考えを尋ね、その後も追跡調査をして彼らが新生児と家にいるときの様子を観察した[14]。そこからわかったのは、母親が父親の育児を奨励すると同時に抑制する役割を担っているということだった。門番としての母親たちの力は強大なものだった。父親がいくら子供と積極的に関わりをもとうとしても、母親から絶え間ない非難を浴びて断ち切られてしまうことが少なくなかったのである。一方で、育児への関わりを促すことにも大きな効き目があることも明らかになった。「母親は門を閉じることができますが、開くこともできるのです」とショップ＝サリヴァンは述べている。

カップルにどんな親になりたいかを質問し、そして実際にどんな親になったかを比較してみると、見事なまでに一致していないことを彼女は発見した。二人でしつけを分担していこうと意気込んでいたカップルが何組かいたが、そうはならなかった。結局、昔ながらのやり方になってしまうのだ。結果的に母親がより大きな役割を担い、そのことに二人は失望する。母親は意識して父親を締め出そうとしているわけではないのです、ショップ＝サリヴァンは説明する。ただ、自然とそうなるだけ。そして、その大きな理由の一つは、子供が生まれた後の生活が、彼らが期待していたものとは違っていた、というところにあるのだ、と。

子供たちに対する父親の行動を解釈するのに一役買うだけではなく、研究報告は結婚生活全般の満足度について、より幅広く言及している。多くの親が、子供が誕生した後の結婚生活に対する満足度は大幅に下がり、家事、雑事の分担では大きな変化が起こりやすい、と報告している。[15] 子の誕生前には、二人の役割分担がうまく回っていたとしても、洗濯物の山との格闘から、子供の世話の段取りに至るまで、新たに生じた責任と向き合ったとたんに、崩れ落ちていくこともある。

多くの親は子供が生まれると、家事をうまく割り振っていこうと考えるが、誰もがうまくいくわけではない。以前のように夫婦が共に過ごす時間がない――上映時間ぎりぎりに映画館に駆け込むことも、仕事の後に一杯飲む時間も、夕食をゆっくりと楽しむ時間もないのだ。夕食といえば何かを作って食べて、終わったら後片付けを済ませ、仕事と育児のために疲労困憊でベッドに倒れこむ、というものになる。こうした物事は――些細なものもあれば、重大なものもある――結婚生活の土台を揺るがしかねない。そしてこれは献身的で積極的な父親を務める上で最大級の脅威となるのだ。

父親の不在が与える影響

本書ではここまで、父親が家族に対してどのような寄与をしているかを、とりわけ人類学者、遺伝学者、心理学者の視点から見極めようとしてきた。そこからは父親のあり方に関する多くの知見を得ることができたが、家族に対する父親の影響を知るには、他にもまだ違った方法がある。父親がいない家庭を観察することもその一つだ。父親の不在に関しては、子供に厳しい結果をもたらす深刻な社会問題と考える専門家もいれば、悪い影響などあるはずもないと主張する専門家もいる。

父親の不在に関してまず考えるべき疑問は、次のようなものだろう――それはどれくらい広がっているのか?[16]　私が見つけたのは、信じ難いほどショッキングな答えだった。参照する研究によっても異なるが、両親が離婚しているアメリカ人の子供の四分の一から二分の一は、父親とほとんど、あるいは一度も会っていないというのである。また国内の子供の三分の一が未婚家庭に生まれた婚外子で、一九六〇年代の六%から急増している。[17]　カップルが同棲しているケースもあるが、そうでない場合の方が多いという。

現在の数字は皆、ほんの数十年前に比べてはるかに高くなっている。[18]　一九六〇年当時、アメリカで父親と離れて暮らしている子供は一一%にすぎなかった。だが、二〇〇〇年にはその数字は二七%にまで上昇した（母親と離れて暮らす子の割合は四%から八%に上昇した）。当然のことだが、子と離れて暮らす父親の場合、一緒にご飯を食べ、宿題を見てやり、また、遊びをする時間がはるかに少なくなる。

別居している父親の四〇％は、わが子と連絡を取るのに週に数回のメールか電話で済ます、という。そのうち五人に一人は週一回以上家に会いに行き、二九％が少なくとも月に一度は会いに行くと答えている。

アメリカ合衆国が比較的信頼できる統計を取り始めて以来、これほど子供と同居、あるいは子と触れ合う父親の数が減少したことはない[19]。別居、離婚もしくは未婚の父親は――ただ、子供とは定期的に会ってはいる――子を見守る、規則を決める、もしくは従わせる、といったことに関わることはまずなく、それは取りも直さず親としての役目を果たしていないということになる。そしてなぜ多くの父親が家族と離れて暮らすのか、それに対する理解はほとんど進んでいない――また、これを変えるために私たちができること、すべきことも。

第6章で狩猟採集民に関する研究結果について検証した。父親は児童の死亡率にはほとんど、もしくは何の影響も及ぼさなかったというものである[20]。研究者たちはまたアメリカ国内での父親の不在がもたらす影響についても検証し、別な結論を導き出した。ジョージア州で行われた研究によると、母親が未婚で出生証明書に父親の名が記載されていない子は、母親が結婚して父親の名も記載されている子と比べて、一年以内での死亡率が二・五倍になる、という。結婚している母親と比べて、未婚の母親の生活は厳しくなりがちであり、父親の不在というより、むしろ経済状況によって数が増えるのかもしれない（とはいえ、この二つがリンクしていることも多いのだが）。しかし、経済的要因を除いて分析してみても、父親の名が出生証明に記載されていない子は記載されている子と比べて死亡率は二倍になることが明らかになったのだ。

犯罪と少年の非行には父親の不在が深く関わっているということが、いくつかの研究で報告されている。たとえば性的交渉の低年齢化、ティーンエイジャーによる非嫡出子の出産、学業成績の低下、うつ、薬物乱用、思春期の孤立感、はたまた貧困母子家庭の増加である。[21] リストはラトガーズ大学のデイヴィッド・ポーペノーの作成したものからの引用で、彼は父権の低下こそが「アメリカ社会を蝕む、頭の痛い諸問題の元凶」である、と言っている。

全米父親イニシアティブ（ＮＦＩ）は、父親の不在について研究し、父親の家庭への関与を後押しする目的で設立され、父親の不在が子供にマイナスの影響を及ぼすことを示すデータをつぶさに検証してきた。[22] 非行に関しては父親に親近感を抱いている若者ほど非行――盗み、家出、風紀紊乱行為、暴力、武器の使用といったこと――に走りにくくなる。母親との関係もまた大切ではあるが、母子家庭の子供にとって父親がとりわけ重要なのだ。ＮＦＩはまた、父親と思春期の子の関係と薬物乱用との関連性に注目し、同じような結論に達している。薬物に手を出す要因には仲間の影響があるが、両親との仲が良い若者ほど、危険な行動に結びつきかねない関係を、家庭外に求める必要が減るのだ。

ポーペノーは、「総じて、片親よりもふた親――父と母――であることが子供にとって望ましい」のは火を見るよりも明らかだと言う。[23] 彼は例外も認めていて、そこにはふた親でも関係が破綻した家庭や、健康で日々が充実した子を育てるシングル・ペアレントといったものが含まれる。しかし、その規則性の説得力が失われるわけではない。ポーペノーはゲイとレズビアンのカップルでは、片方が「男役」を、もう片方が「女役」を務めるとして、ではそれが子にどのように影響を与えるかを知る、十分なデータはないことは認めている。

父親がいないことで、最も重要で直接的な影響として現れるのは、経済資源の損失である、というのが彼の意見だ。[24] 離婚すると、一家の収入は減り、出費は増える。二世帯の方が一世帯よりもコストはかかるし、親の収入が上がって離婚するわけではない。

他の多くの研究者たちがこの視点に立って批判を展開してきたのも意外ではない。離婚、そして父親の不在がしばしば親同士の衝突を長引かせ、また父親の不在ではなく「衝突」が、子供の問題の引き金となり得る。また、分断された家族はどこか、はっきりとはわからないところで、全員が一緒に暮らす家族とは違うものがあるのかもしれない。

両親が籍を入れていない家族にはしばしば想像を裏切られることがあると、プリンストン大学で、こうした家族を研究しているサラ・マクラナハンは言う。[25]「驚かされるのが、両親がお互い非常に深く結びついているということです」と彼女は言った。しかし多くは一緒に暮らすことがない。「彼らは結婚を否定しているわけではありません。結婚はしたいと思っているし、父親は家庭に熱心に関わります」妊娠中は妻を助け、出産にも駆けつける。だが元手が限られている。たいていは非常に貧しいのだ。父親のおよそ半数は子が誕生する前に軍務経験があった。そして五年後に一緒にいるのはわずか三分の一にすぎないという。「二人は別れ、別な相手と付き合い始める。非常に不安定な状態です。しかも新しい相手との間に子をもうけることになります」。さらに研究によるとこうした家庭の子は、安定した家族の子たちと比べ健康状態も良くないという。

マクラナハンと彼女の研究者仲間で、ウィスコンシン大学マジソン校のマーシャ・カールソンは、貧困家庭においてどうすれば父親がより子育てに関わるようになるか、を考察してきた。未婚女性、特に一〇代の子らの間で望まぬ妊娠を防ぐ取り組みは、わずかな成果を上げるにとどまった。父親不在の子に対する養育費を増やすことで、父親の関わりを深めようとする取り組みも、あまり功を奏さなかった。そもそも、そういう父親本人に、養育費を支払う元手がないことが多かったのだ。さらに、父親の子に対する愛情を深めさせようというプログラムも、ほとんど失敗に終わったのだが、子供が生まれるときの父親の関わりを促進しようとするプログラムには明るい兆しがあった。

「母親と父親の関係が左右することはわかっています」とカールソンは語った。先に見たように母親による監視は重大な問題なのだ。「ママはパパを励ますことも、へこますこともできる。そしてそれは彼女が男としてどう受け止めているかどうかと関係がある、という微妙にずれた認識がまかり通っています。母親と父親お互いが協力し合い、信頼し合えば、同居していない男親だって、家のことに関わり続けるものです」。父親の関わり方はまた、母親が新たなパートナー――社会的父親を得るかどうかに影響されると彼女は言う。というのも、「子供にとって、生物学上の父親だけが父親となるわけではないから」だ。そして時に「社会的父親は、生物学上の父親と同じように関わっていく傾向がある」というのだ。カールソンは父親の不在、そしてそれが子供にどんな悪影響をもたらすかという不安は当然だと言い切る。父親のいない子供、父親の役割を果たしてくれる人間がいない子供たちは大きな危険に直面している。

ここで再び、実験室の動物が人間の家族に関する研究を見事に手助けしてくれることになる。ある基礎研究は、父親の不在が子供に違いをもたらす理由に手がかりを与えた。実は、貧困が子供の脳の配線を変えているかもしれないというのだ。

カタリーナ・ブラウン率いるドイツの研究チームは、チリに生息するデグーの脳に注目した。この小型のげっ歯類は複雑な家族構成と社会構造をもち、また遊び好きなネズミとしても知られている。デグーのオスは模範的な父親で、子育てに労力を惜しまず、多くの時間を子と一緒に過ごして成長を見守る。一方で母親は、それとは対照的に、子育てから次第に身を引いていく。父親は子と身を寄せ合い、身体を舐め、毛づくろいし、背中に子を乗せて移動する。さらに、デグーには父親の研究をする上で看過できない気になる特徴がある——父親がいないときでも、母親がその埋め合わせとして子に多くの時間を費やすことがないのだ。だから、母親だけで育てられたデグーは「情緒面で遮断された部分がある」と考えて差し支えないというのが、ブラウンらの発見である。このデグーの情緒遮断がどのようなものであったとしても、人間における同様の遮断を突き止める道筋を示してくれることだろう。

これ以前に他のげっ歯類を対象に行われた研究では、母親や父親から引き離すと、子ネズミの脳の配線に変化が生じる場合があることが明らかにされていた[26]。そうした変化は前頭葉内側部にある、情動、思考、コミュニケーション、社会的交流に関わる前帯状皮質という領域で特に見られたという。そこでブラウンと研究チームは、父親の不在によって子ネズミの前帯状皮質の再配線が行われるかどうかを、デグーを使って確認してみることにした。父親のいない状態で子を飼育して、その脳を顕微鏡で観察したところ、彼らの推測が正しいことがわかった。父親と引き離されたデグーの子は、その領域のシナプス（ニューロンの接合部）の数が少なくなっていたのである。

先に述べたように、人間の場合には父親との別離は家庭の貧困につながり、貧困は前頭葉の変化をもたらす場合があることが明らかになってきている。カリフォルニア大学バークレー校のマーク・キシヤマは、異なる人種グループから選んだ七〜一二歳の男女を対象に、パソコン画面に現れる様々な映像を見せ、そのときに脳内で生じる電気活動を測定した。子供は全体で二六人いて、そのうち一三人は両親が大卒で平均年収が九万六一五七ドルの家庭、残りの一三人は両親が大卒ではなく平均年収が二万七一九二ドルの家庭の子供だった。子供たちはまた、一連の神経心理学的検査を受け、記憶力や言語の習熟度などを調べられた。その結果わかったのは、貧しい家庭で育った子供には、前頭葉に損傷を受けた人たちに似た形で、前頭前皮質（前頭葉の前側の領域）の働きに変化が見られるということだった。

ここまで見てきたことから考えると、家庭に父親がいないことは子供にとって深刻な影響を与えうると強く主張できるだろう。言うまでもないことだが、家に父親がいなくても多くの子供たちはうまくやっている。厳しい環境で育ちながらも、今では財をなし、実りある生活を送っている人はいくらでもいる。そうした人たちがみなアメリカの大統領になったわけではないが、バラク・オバマは、父親不在で育った子供がその状況を乗り越えて到達できる場所を示した見事な実例と言えるだろう。

父親の研究をしている専門家のなかには、子供にとって父親の関わりは重要だと確信するようになった一方で、それが絶対に必要というわけではないという結論に達した者もいる。そうした研究者たちが、父親は家庭内のことを顧みない稼ぎ手、母親は専業主婦だった一九五〇年代に時計の針を戻したがっているとは私には思えない。数多くの女性を労働人口へと組み込むことになった経済的圧力は、それと同時に、父親が子育てに関わる機会をかつてないほど増大させたのである。

最初の結婚で授かった子供たちが幼い頃、ニュージャージーに住んでいた私は、ロックフェラー・センターにあったAP通信社という多忙な職場に通勤していた。朝七時前には電車に乗っていたが、夕方まで待って記事になるような出来事がなければ、午後六時半に帰宅できた。そういう日だけは、子供たちに一日の様子を尋ね、ベッドに入る前に本を読んであげられた。今、妻と私は自宅で仕事をしているので、自分のスケジュールを調整して、より多くの時間を子供たちに割くことができる。子供たちに関わるのは良いことだという研究結果は、私にとって嬉しいニュースだ。だが、それが子供たちと一緒に過ごす理由ではない。子供といるのが好きだから、私はそうしているのである。

おわりに　父親は重要である

本書のために調べものや執筆をしている間、私がどんな発見をしたのかを詳しく聞かせてほしいという親御さんに数多く出会った。そうした人たち——なかには初対面の人もいた——と何気ないおしゃべりをしているうちに、きわめてプライベートな話題になったこともある。彼らが話したのは、父親というものについて、自分の父親について、あるいは自分の子供についての考えだった。ある双子の子供をもつシングルマザーは、冗談まじりにこう尋ねた。「私の場合は、何を知っておけばいいの？」

時には、彼らの話に深く心を動かされることもあった。たとえば、ある女性は、家族に関する特異な体験を聞かせてくれた。「私は実の父親を知りません」彼女はそう言った。両親は「ごく短期間の関係をもち、私が生まれた」のだという。まだ幼かった彼女には父親を探すことなどできなかったし、母親も二人を引き合わせようとはしなかった。大きくなって自分で行方を探せるようになると、父親がこれまで一度も会おうとしてくれなかったことを深く恨んだ。「会いたくはありませんでした。大人なのだから、父の方が責任をもって娘を見つけ出すべきだと思っていました。でも父はそれをしなかったのです」

しかしその後、彼女自身が子供をもつことを考えるようになると、今度は父親について思いを巡らすようになった――父は今どこにいて、何をしているのだろう？　どんな親戚がいるのだろう？　もちろん、その親戚は彼女にとっても親戚である。彼女はネットで父親を探し始めたが、見つけたときには父はすでに亡くなっていた。わずか数ヶ月前の出来事だった。父親とその家族が、自分が子供時代を過ごしたのと同じ町に住んでいたこともわかった。彼女は新たに見つかった親類に連絡をしてみようと決心した。

「私には従兄弟がいたことがわかりました。しかも彼らは、私が一緒に学校に通っていた人たちを知っていたのです。新しくできた叔父や叔母は、私の母方の叔父や叔母のことを知っていました。私はといえば、父のことを知りたいと思ってもかなわない……でも、父の家族を通してならそれができるのです」。子供の頃の彼女は、身なりは貧しくても成績は抜群で、先生のお気に入りだったが、「ちょっと太っていて、ちょっと出来すぎ」という理由でいじめられていたという。

　精神的に厳しい時期もあったが、それを乗り越えて博士号を取得した彼女は今、科学者、ジャーナリストとして活躍している。だが、彼女はこう言う。「父親がいるとはどういうものなのか、私が本当の意味で理解することはないでしょう。自信、忍耐力、活力、意志力といったものの発達に父親が大きな影響を与えているという話を見聞きするにつけ、もし父親がそばにいたら自分はどんな人間になっていただろうかと、考えずにはいられません」。かつては父親とのつながりを拒絶していたにせよ、会ったこともない父親の存在は、彼女の人生において間違いなく重要な位置を占めている。新しくできた親戚たちは、彼女の中に父親の面影を見ると言っているそうだ。

　印象に残っている女性がもう一人いる。第三者の精子を利用した人工授精で生まれたアラーナだ。彼女は、精子提供者である父親の正体と居場所を突き止めようとしたが、結果はそれが不可能であることを思い知らされただけだった。あるとき彼女は、いつの日か子供が欲しいと思える男性に出会いたいという話を友人にした。すると、その友人はこう答えたという。「子供を産むのに男なんて必要ないじゃない」。アラーナはその言葉に愕然とした。アラーナの母親は、家庭に男性を立ち入らせることなく子供をもつ選択をしたが、彼女はそのことをずっと残念に思っていたからだ。少し考えてから、彼女は友人の指摘に対して次のように答える手紙を書いた。

「実際問題として、子供を産むには男はどうしても必要でしょ——もちろん女もだけど！　子供（私みたいな子！）はいつか知恵もついて、幸せになるためにゼッタイに必要なものが、台なしにされてきたことに気づくものなの」。アラーナは、精子提供による出産のことを「計画的な魂の強奪」と呼ぶ。そして、自分の生物学上の父親についてどんなことでもいいから知りたいと切に願っている。知っていればどんなに良かっただろうということではなく、父親を知ることで自分自身についてより深く理解できると考えているからだ。才能あふれるミュージシャンであるアラーナは、音楽を通じて自分の名前が広く知れ渡り、いつの日か父親が彼女のアルバムジャケットの写真を見て、それが自分の娘であると直感することを願っている。そのとき父親はきっと連絡してくれるに違いない。

　こうした話は、人生において父親の存在がいかに大切かを思い出させてくれるものだ[1]。もしかすると読者のなかには、私もまた父親だからという理由で、父親の重要性に対して一方的な見方しかしていないと非難される方もいるかもしれない。だが、これまで数え切れないほど多くの女性や男性と言葉を交してきて、父親が大切だと信じているのが自分一人ではないことを私は知っている。先に紹介した二人の女性は根深い喪失感を抱いており、専門家はそれを「曖昧な喪失」と呼んでいる。父親をまったく知らない、つまり父親がいる家庭で育つのがどんなことかを知らないために、自分が失ったものをはっきりと把握はできないのだが、それでも彼女たちは痛みと思慕とを感じているのだ。

ジャーナリストとして、また父親として、私はここ一〇年間で父親に関する研究が次第に形をなしていくさまをずっと見守ってきた。科学は、世の多くの父親とその家族がすでに体験として知っていた事柄が正しかったことを認めている。それでも、そのメッセージは大学や研究所の外の世界にようやく届き始めたばかりだ。家族生活を論じる上で、父親を取り上げるのがごく普通になってきたとはいえ、女性と男性が親として対等だと受け入れられるには、まだ時間がかかるだろう。

それがはっきりとわかるのが、家庭内の問題がむき出しになる場所、つまり法廷である。父親に関する研究成果は、そこでは一切考慮されていない。その結果、現代的な父親観とは無縁に見える裁判官たちによって、心痛む判決が日々何百と下されているのだ。この種の無知は、父親研究が始まった頃から予期されていたものかもしれないが、実際に法廷では簡単に見つけられる。衝撃的な例を一つ挙げよう。

一九八八年のデトロイトで、生後二二ヶ月になる娘の養育権を求めて父親が訴訟を起こした。専門家たちは、その父親が母親よりも子供と密接な関係にあり、また育児についても父親が中心的な役割を担っていたと証言した。だが、裁判官は法壇からこうまくしたてた。「私はそう思わない。そうは思えない。二二ヶ月の娘にとって母親より父親の方がふさわしいなどとは受け入れられない。私には耐え難いことだ。吐き気がするほどだ。彼がどんなに良い父親だろうと、それは関係ない」(2)

こうした考えは今も根強く残っている。たとえば、全米女性機構（NOW）は二〇一二年にニュースレター上で共同親権に反対を表明しているが、その理由は父親がそれを利用して養育費を安く抑えているからというものだった。「父親の親権を求める活動家は、法的および身体的共同親権が子供に対して最大の利益をもたらすと主張する。しかしながら、共同親権によって父親の養育費等の金銭的負担が大幅に軽減されるのは偶然の結果ではない」とNOWは主張する。[3]「実際、双方の合意もしくは裁判所の命令によって共同親権となった後に子供を引き取るのは、ほとんどの場合、母親である。父親からの養育費の減額で子供を養育するのが困難になっているのにもかかわらず、そうなのだ」。これは時に真実である。だが、わが子と多くの時間を過ごしたいがゆえに共同親権を求める父親がいるという事実が、ここでは完全に無視されている。ニュースレターの執筆陣は、子供の人生に父親が関わることの重要性をまったく認識していないようなのだ。それどころか、そのニュースレターでは、父親と家族法にまつわる「嘘と事実」のリストを取り上げたウェブサイトのリンクを貼りつけている。そこで「嘘」の一位とされているのが次の文章だ――父親の子育てへの参加は子供の幸福のために非常に重要である。[4]

いくつかの州議会では、共同養育法案――状況が許す限り父親と母親が共同親権をもつというもの――を審議するうちに、同じようなアンチ父親の感情が高まってきたという。ニューヨーク州議会は二〇〇六年に同様の法案の審議に入ったが、NOWニューヨーク支部は、父親がこれ以上養育に関わることについて強硬に反対した。当時の支部長マーシャ・パパスは、「男性にしろ女性にしろ、婚姻中にわが子の面倒を見ようとしなかった者が、離婚してから関わりを深めようと思うことがあり得るだろうか?」[5]と記している。当を得た疑問ではある。確かに、彼女が引き合いに出したような父親だったら、面倒見が良くなることはまずないだろう。だが彼女の意見は、父親はみな同じで、子供の生活に関わろうとする者など一人もいないという前提に立っている。それは明らかに間違いだ。

父親を見下したような態度は広告にも見られる。自社のおむつが父親の不器用さに耐えられるかを検証したハギーズのＣＭの話を覚えておられるだろう。そのコピーは、「パパにハギーズのおむつを試験してもらおう！」というものだった。またクロロックス社が自社のウェブサイトに掲載した、こんな記事もあった。「新米パパは犬のようなペットと同じ。純粋無垢な心の持ち主だけど、的確な判断や繊細な扱いが苦手で、何をやってもへまばかり」。実際に犬やスナネズミが純粋無垢かどうかはともかく、こうした広告を楽しめるのは、父親が無能だという考えを喜んで受け入れられる人たちだけだろう。だが、視聴者がみなそれを面白いと感じたわけではなかった。ハギーズはそのコマーシャルの放映を中止した。クロロックス社もまた、広告に対する反響と潜在的な顧客の意見を考慮して、すぐに掲載を取り止めることにした。

その一方で、父親を肯定的に描いた広告を打ち出す企業が登場するなど、新しい展開も始まっている。たとえば、二〇一〇年にスバルが制作したシリーズもののテレビＣＭは、父親と子供の温かい関係を題材にしていた[6]。そのなかの一つに、運転を習いたての娘に、父親が心配しながらも自分の車のキーを手渡すというものがある。父親の目にはまだ幼い娘のように見えるのだが（実際その場面は子役が演じている）、本当はもう十分に大人であることもわかっていて、信頼してキーを渡すのだ。また、洗濯洗剤のタイドとダウニーのＣＭでは、遊びにおける父親の役割がきちんと描かれていた[7]。父親は洗濯をしながらも、娘と「保安官ごっこ」で遊び、保安官役の娘に逮捕されると「懲役二〇分の刑を言い渡されてしまった」と、うろたえたふりまでする。父親をのろまなものとして扱ってきたＣＭとは違い、ここでは父親は十分に子育てをする能力があり、子供にとっても安心できる存在として描かれている。

このような状況をもっと目にする機会があればと私は思う。父親という存在は、子供が幸福で健康な大人になれるよう手助けをするためにある。子供たちがこの世界でのびのびと暮らし、やがて成長して彼ら自身が母親や父親になる準備ができるようにすることが、父親の役割なのだ。多くの人は、子供のために最善を尽くすのが何よりも大切だと考えている。そして、子供にとって最善のことのなかには、父親の役割を果たすことがいつだって含まれているのだ。

私が本書の執筆を思い立ったのは、今の妻と出会って人生を共に歩むことになり、二度目の子育てという、目もくらむような機会を思いがけず得たことを一つのきっかけとしている。本書のために行った様々な調査によって、私は父親についてより深く理解したと言えるだろうか？　いろいろな点で「イエス」だ。では、私はそれによって良い父親になれたのか？

その答えは子供たちに委ねることにしよう。

訳者あとがき

この本を手にした子育ての真っ最中もしくは、まもなく父親もしくは母親になる方々へ。

自らの子育て体験談などを……と担当編集の方から言われ、あとがきを書くことになりました。体験談といっても二〇年近く前のことで、おぼろげな記憶のみ。それでも『父親の科学』を翻訳していくうえで、「そうだ、そうだ」、「そういうことだったのか！」と一人うなり、納得することが何度かありました。

子どもと遊ぶとき、母親はおもちゃで遊ぶことを好み、父親は体を使ったじゃれ合いを好む、そして父親との遊びが子の発育に大きく関わっている、というのもその一つです。確かにプロレスごっこや、じゃれ合った記憶があります。その時の妻の反応は冷ややかなものだったけど、これが有意義なものだったとは。

「少年のような心を持った」は概ね女性が男性に対して好意的に使う表現でしょう。（否定的な評価をされた途端、「いつまでも成長できないコドモ」となってしまいますが）。この少年の部分、実は子育てに必要なものとして男性のＤＮＡに組み込まれているものなのかもしれません。自分のパートナーが子どもとじゃれ合っている姿を目にしたら、女性のみなさん、温かい目で見守ってあげてください。

『父親の科学』、原題は ***Do Fathers Matter?***（父親って重要？）です。この言葉こそが、父親の子育てに関する一般的な見方であり、ゆえに父親に関する研究もあまり進んでこなかった。そこで「お父さんだって子育てに必要なのだ！」ということを最新の研究を紹介することでこうしたステレオタイプを一掃しよう、と試みているのが本書です。実際に一般的には知られていない、びっくりするような研究結果が報告されています。女性が妊娠・出産・授乳という劇的な体験をするのに比べると、ホルモンの数値が変化するなど、地味ではありますが、それでも本書を読み終えた時に父親の存在が子の人格形成に大切だということが実感できると思います。

日本における男性の育休取得率は五・一四％（厚生労働省「平成二九年度雇用均等基本調査」）。男性が育児休暇を取ろうとしても周りから「勇気ある」「珍しい」「変わっている」といった驚きを持って受け取られるのが現実です。この意識を変えるには、父親が子育てに積極的に関わることの大切さを具体的・科学的に示す必要があります。冒頭、子育てに関わっている方々へと申し上げましたが、それにとどまらず、本書『父親の科学』がより多くの人々に読まれ、それが「男女共同参画」の推進を後押しすることを願ってやみません。

東竜ノ介

本書について

本書は、Paul Raeburn, *Do Fathers Matter?*（Scientific American, 2014）の全訳です。原書が出版されたアメリカでは、全米育児出版賞（National Parenting Publications Awards）金賞と、マムズチョイス賞（mom's choice awards）金賞をそれぞれ受賞するなど、高い評価を受けました。

少子化の問題がしばしば取り沙汰される昨今ですが、それでも書店に行けば育児本が大量に並び、ネットを見れば子育てに関する情報が際限なく出てきます。また、両親や親戚、会社の上司や近所の知り合いなどなど、とくに尋ねたわけでもないのに「子育てのコツ」について助言をしてくれる人たちも、決して珍しい存在ではありません。とはいえ、それだけならまだ情報疲れはあっても困惑は少ないでしょう。問題は、そうした意見が互いに相容れない場合が多々あることです。個人的な経験則、昔から伝わる生活の知恵、著名人が言ったから何となく信じていること……その種の話を聞かされ続けたあなたは、次第にこう思うようになるかもしれません——それって本当に根拠があるんだろうか？

長年にわたりＡＰ通信の科学担当デスクを務め、現在は科学解説者として活躍する本書の著者ポール・レイバーンによると、そうした助言は「誤解に基づいている」ことが多いようです。そして実は、本書の大きな目的のひとつもそこにあります。つまり、「ステレオタイプや半面だけの真理を、科学者が真実であるとお墨付きを与えたアイデアに置き換えること」を仕事としてきた著者が、今度はそれを子育てに当てはめて、世の中に流布する育児の「誤解」を最新の科学的データで検証し直してみようというのです。

しかしながら、目的がそれだけであったならば、本書のタイトルは『子育ての科学』にでもなっていたことでしょう。もしかしたら、アメリカでの高評価も実現していなかったかもしれません。そのような高評価を受けた理由とは、ひとつには、本書がこれまで見過ごされがちだった「父親の子育て」を中心テーマとしていたからです。五人の子供の父親である著者は、子供を育てていくなかで、自分の立場について様々な疑問を抱いたといいます。父親という役割はいつどのように生まれたのか？　人間以外の動物の子育てはどんなものなのか？　稼ぎ手であるほかに父親の価値はないのか？　子供に与える一番大きな影響は何か？　そして、父親は子育てに本当に必要なのか？

その答えを求めようにも、育児とは母親の仕事だという固定観念がいまだ強く残るこの社会では、そもそも参照すべき資料がなかなか見つかりません。そこで著者は、父親の研究に携わる心理学者、脳神経科学者、人類学者、動物学者、遺伝学者など、様々な専門家や当事者に直接取材をし、過去の研究をさらい、そこから得られた科学的な証拠を積み重ね、真実の父親像に迫っていくことにしました。その成果が、あなたが手にしているこの本なのです。
なお誤解のないように申し添えておきますが、本書は、子育てのなかでもとくに父親の役割にスポットライトを当て、その重要性を明らかにしていますが、父親のいない家庭を否定するものではまったくありません。著者自身が述べているように、父親の役割は他の人でも担うことができるのです。本書の狙いは、これまで育児で軽んじられることの多かった父親の立場にしっかりとした基盤を与えて、家族の仕組みに対する理解を深めること。またそれによって、思慮深い子育てのヒントを示すことにあるようです。そしてそのヒントは、シングルペアレントやゲイカップルなど、どんな形態の家族にとっても役に立つはずです。

父親にまつわる数々の新発見については本書を読んでいただくことにして、最後にひとつ、著者の主張と通底するところのある逸話をご紹介したいと思います。進化心理学者のダグラス・ケンリックは、離婚をするときに「自分にとって正しいことをするべき」というアドバイスを一度ならず受けたそうです。ところが、息子を二人育てるなかで、やがてそれが人生最悪のアドバイスだったことに気づきます。代わりに彼が真実だと思うようになったのは、次のような金言でした——自分の愛する人たちのために正しいことをしなさい。実際、心理学の研究からは、そのときは要求が多くて面倒に感じられても、愛する人たちのために時間を費やすと、結果的には落ち込みが少なくなり、大きな充足感が得られることがわかっているそうです。子育てもまた、愛する存在のために時間を費やすことであるのは、言うまでもないでしょう。

現代は、もしかすると人類の歴史のなかでも最も忙しなく、最もストレスの多い時代かもしれません。加えて、家族観も急速に変化しているさなかであれば、それに適応しつつ子育てをする苦労は計り知れません。そのような波乱の時代に家庭を築こうとするお父さん、もちろんお母さんにとっても、この本が有益で、励みになり、そして何よりも楽しい子育てにつながる一冊になることを願っています。

白揚社編集部

Paternal Behavior (Cambridge, MA: Harvard University Press, 2010), 122.
21. Cynthia R. Daniels, ed., *Lost Fathers: The Politics of Fatherlessness in America* (New York: St. Martin's Press, 1998), 4.
22. Ibid., 36.
23. David Popenoe, *Life Without Father: Compelling New Evidence That Fatherhood and Marriage Are Indispensable for the Good of Children and Society* (New York: Free Press, 1996), 147.
24. Daniels, *Lost Fathers*, 36-39.
25. Sara S. McLanahan and Marcia J. Carlson, "Welfare Reform, Fertility and Father Involvement," Center for Research on Child Wellbeing, working paper no. 01-13-FF, draft, Aug. 6, 2001.
26. Wladimir Ovtscharoff, Jr., et al., "Lack of Paternal Care Affects Synaptic Development in the Anterior Cingulate Cortex," *Brain Research* 1116, no.1 (2006): 58- 63.

■おわりに　父親は重要である

1. Alana S., "Taboos and the New Voiceless Americans," FamilyScholars.org, May 20, 2010.
2. Kyle D. Pruett, *Fatherneed: Why Father Care Is as Essential as Mother Care for Your Child* (New York: Free Press, 2000), 74.
3. National Organization for Women Foundation, Family Law Ad Hoc Advisory Committee, newsletter, Fall 2012.
4. "Fatherhood and Family Law: The Myths and the Facts," The Liz Library.
5. Marcia A. Pappas, NOW-New York State, speaking on the Joint Custody Bill before the New York Senate, March 28, 2006.
6. "Baby Driver," Subaru commercial, 2010.
7. "Tide and Downy Presents: The Princess Dress," product commercial, 2013.

Development, 5th ed., edited by Michael E. Lamb (Hoboken, NJ: Wiley, 2010), 413-31.
4. Kim Parker and Wendy Wang, "Modern Parenthood," PewResearch Social and Demographic Trends, Pew Research Center, March 14, 2013.
5. Ellen Galinsky et al., "Times Are Changing: Gender and Generation at Work and at Home," Families and Work Institute, 2008 (revised August 2011).
6. Joan C. Williams and Heather Boushey, "The Three Faces of Work-Family Conflict: The Poor, the Professionals, and the Missing Middle," Center for American Progress.
7. Kerslin Auiminn et al, "The New Male Mystique" Families and Work Institute.
8. Carolyn Pape Cowan and Philip A. Cowan, *When Partners Become Parents: The Big Life Change for Couples* (New York: Basic Bonks, 1992), 94, 104.
9. Annette Lareau, "My Wife Can Tell Me Who I Know: Methodological and Conceptual Problems in Studying Fathers," *Qualitative Sociology* 23, no. 4 (2000): 407-33.
10. Victoria L. Brescoll and Eric Luis Uhlmann, "Attitudes Toward Traditional and Nontraditional Parents," *Psychology of Women Quarterly* 29, no.4 (2005): 436-45.
11. Ibid., 440.
12. Sarah M. Allen and Alan J. Hawkins, "Maternal Gatekeeping: Mothers' Beliefs and Behaviors That Inhibit Greater Father Involvement in Family Work, " *Journal of Marriage and Family* 61, no.1 (1999): 199-212.
13. Sarah J. Schoppe-Sullivan et al., "Maternal Gatekeeping, Coparenting Quality, and Fathering Behavior in Families with Infants," *Journal of Family Psychology* 22, no. 3 (2008): 389-98.
14. Ibid.
15. Cowan and Cowan, *When Partners Became Parents*, 16-22.
16. Paul R. Amato and Julie M. Sobolewski, "The Effects of Divorce on Fathers and Children," in *The Role of the Father in Child Development*, 4th ed., edited by Michael E. Lamb (Hoboken, NJ: Wiley, 2004), 348.
17. Mathematica Policy Research, "Building Strong Families," January 2005.
18. Gretchen Livingston and Kim Parker, "A Tale of Two Fathers: More Are Active, but More Are Absent," PewResearch Social and Demographic Trends, Pew Research Center, June 15, 2011.
19. Amato and Sobolewski, "Effects of Divorce," in Lamb, *Role of the Father*, 4th ed., 353.
20. Peter R. Gray and Kermyt G. Anderson, *Fatherhood: Evolution and Human*

edited by J. F. Crow and William F. Dove, *Genetics* 152 (1999): 821-25.
8. Mailman School of Public Health, Columbia University, "Higher Paternal Age Associated with Increased Rates of Miscarriage," *At the Frontline* 1, no. 5 (Nov. 2006).
9. Reichenberg et al., "Advancing Paternal Age and Autism."
10. Sukanta Saha et al., "Advanced Paternal Age Is Associated with Impaired Neurocognitive Outcomes During Infancy and Childhood," *PLoS Medicine* 6, no. 3 (2009): el000040.
11. Jayne Y. Hehir-Kwa et al., "De Novo Copy Number Variants Associated with Intellectual Disability Have a Paternal Origin and Age Bias," *Journal of Medical Genetics* 48, no.11 (2011): 776-78.
12. Reichenberg et al., "Advancing Paternal Age and Autism."
13. deCODE Genetics, "Science."
14. Augustine Kong et al., "Rate of De Novo Mutations, Father's Age, and Disease Risk," *Nature* 488 (2012): 471-75.
15. Benedict Carey, "Father's Age Is Linked to Risk of Autism and Schizophrenia," *New York Times*, Aug. 22, 2012.
16. Helga V. Toriello and Jeanne M. Meek, "Statement on Guidance for Genetic Counseling in Advanced Paternal Age," *Genetics in Medicine*, 10, no. 6 (2008):457-60.
17. Charles J. Epstein and Marilyn C. Jones, telephone interviews with the author, Jan. 30, 2007 (Epstein) and Jan. 28, 2007 (Jones).
18. Arthur L. Caplan, telephone interview with the author, Jan. 31, 2007.
19. Herbert Y. Meltzer, telephone interview with the author, Jan. 30, 2007.
20. Dan T. A. Eisenberg et al., "Delayed Paternal Age of Reproduction in Humans Is Associated with Longer Telomeres Across Two Generations of Descendants," *PNAS* 109, no. 26 (2012): 10251-56.
21. Kristina Fiore, "Dad's Age Tied to Kid's Weight, Height, LDL," MedPage Today, July 22, 2013.

■第９章　父親の役割

1. Richard Wrangham, *Catching Fire: How Cooking Made Us Human* (New York: Basic Books, 2009), 130-35, 139, 146, 148-49, 150,154, 177.
2. C. Loring Brace cited in Rachael Moeller Gorman, "Cooking Up Bigger Brains," *Scientific American*, Dec. 16, 2007.
3. Barry S. Hewlett and Shane J. MacFarlan, "Fathers' Roles in Hunter-Gatherer and Other Small Scale Cultures," in *The Role of the Father in Child*

19. Ilanit Gordon et al., "Prolactin, Oxytocin, and the Development of Paternal Behavior Across the First Six Months of Fatherhood," *Hormones and Behavior* 58, no. 3 (2010): 513-18.
20. Ruth Feldman, "Oxytocin and Social Affiliation in Humans," *Hormones and Behavior* 61 (2012): 380- 91.
21. Rebekah Levine Coley et al., "Fathers' and Mothers' Parenting Predicting and Responding to Adolescent Sexual Risk Behaviors," *Child Development* 80, no.3 (2009):808-27. doi:10.1111/j.1467-8624.2009.01299.x.
22. Heather Sipsma et al. "Like Father, Like Son: The Intergenerational Cycle of Adolescent Fatherhood," *American Journal of Public Health* 100, no. 3 (2010): 517-24.
23. Abdul Khaleque and Ronald P. Rohner, "Transnational Relations Between Perceived Parental Acceptance and Personality Dispositions of Children and Adults A Meta-Analytic Review," *Personality and Social Psychology Review* 16, no.2 (2012): 103-15.
24. Daniel Goleman, "Studies on Development of Empathy Challenge Some Old Assumptions," *New York Times*, July 12, 1990.
25. American Psychological Association, "Childhood Memories of Father Have Lasting Impact on Men's Ability to Handle Stress," press release, Aug. 12, 2010.
26. Marie Arsalidou et al., "Brain Responses Differ to Faces of Mothers and Fathers," *Brain and Cognition* 74 (2010): 47-51.

■第８章　高齢の父親――待ったことの報酬とリスク

1. Nora Ephron and Delia Ephron, *You've Got Mail*, Internet Movie Script Database.
2. Rebecca G. Smith et al., "Advancing Paternal Age Is Associated with Deficits in Social and Exploratory Behaviors in the Offspring: A Mouse Model," *PLoS One* 4, no.12 (2009).
3. Abraham Reichenberg et al., "Advancing Paternal Age and Autism," *Archives of General Psychiatry* 63, no. 9 (2006): 1026-32.
4. U.S. Census Bureau, "Father's Day: June 16, 2013."
5. Stephanie Ventura, National Center for Health Statistics, personal communication, Jan. 15, 2007.
6. Matthew Weinshenker, personal communication, Sept. 15, 2006.
7. James F. Crow, "Hardy, Weinberg and Language Impediments," in "Perspectives: Anecdotal, Historical and Critical Commentaries on Genetics,"

Strategies," *Psicothema* 22, no.1(1991): 28-34.

5. Jacqueline M. Tither and Bruce J. Ellis, "Impact of Fathers on Daughters' Age at Menarche: A Genetically and Environmentally Controlled Sibling Study," *Developmental Psychology* 44, no. 5 (2008): 1409-20.
6. Kate Egan, "Love and Sex: The Vole Story," *Emory Medicine*, Summer 1998.
7. Larry J. Young, TEDxEmory talk, April 20, 2013.
8. Thomas R. Insel and Lawrence E. Shapiro, "Oxytocin Receptor Distribution Reflects Social Organization in Monogamous and Polygamous Voles," *PNAS* 89 (1992): 5981-85.
9. Young, TEDxEmory talk.
10. Miranda M. Lim et al., "Enhanced Partner Preference in a Promiscuous Species by Manipulating the Expression of a Single Gene," *Nature* 429 (2004): 754-57.
11. William M. Kenkel et al., "Neuro-endocrine and Behavioural Responses to Exposure to an Infant in Male Prairie Voles," *Journal of Neuroendocrinology* 24, no. 6 (2012): 874-86.
12. Rui Jia et al., "Effects of Neonatal Paternal Deprivation or Early Deprivation on Anxiety and Social Behaviors of the Adults in Mandarin Voles," *Behavioural Processes* 82, no. 3 (2009): 271-78.
13. Hasse Walum et al., "Genetic Variation in the Vasopressin Receptor la Gene (AVPR1A) Associates with Pair-Bonding Behavior in Humans," *PNAS* 105, no. 37 (2008): 14153-56.
14. Hasse Walum et al., "Variation in the Oxytocin Receptor Gene (OXTR) Is Associated with Pair-Bonding and Social Behavior," *Biological Psychiatry* 71, no. 5 (2012): 419-26.
15. Peter A. Bos et al., "Acute Effects of Steroid Hormones and Neuropeptides on Human Social-Emotional Behavior: A Review of Single Administration Studies," *Frontiers in Neuroendocrinology* 33, no. 1 (2012): 17-35.
16. Fabienne Naber et al., "Intranasal Oxytocin Increases Fathers' Observed Responsiveness During Play with Their Children: A Double-Blind Within-Subject Experiment," *Psychoneuroendocrinology* 35, no. 10 (2010), 1583-86.
17. Ruth Feldman et al., "Natural Variations in Maternal and Paternal Care Are Associated with Systematic Changes in Oxytocin Following Parent-Infant Contact," *Psychoneuroendocrinology* 35, no. 8 (2010).
18. Omri Weisman et al., "Oxytocin Administration to Parent Enhances Infant Physiological and Behavioral Readiness for Social Engagement," *Biological Psychiatry* 72, no.12 (2012): 982-89.

(2008): 416-23.
6. Erin Pougnet et al., "Fathers' Influence on Children's Cognitive and Behavioural Functioning: A Longitudinal Study of Canadian Families," *Canadian Journal of Behavioural Science* 43, no. 3 (2011): 173-82.
7. Michael E. Lamb, ed., *The Role of the Father in Child Development*, 4th ed. (Hoboken, NJ: Wiley, 2004), 254.
8. Daniel Paquette, "Theorizing the Father-Child Relationship: Mechanisms and Developmental Outcomes," *Human Development* 47, no. 4 (2004): 205.
9. National Institute of Child Health and Human Development Early Child Care Research Network, "Fathers' and Mothers' Parenting Behavior and Beliefs as Predictors of Children's Social Adjustment in the Transition to School," *Journal of Family Psychology* 18, no. 4 (2004): 628-38.
10. Anna Sarkadi et al., "Fathers' Involvement and Children's Developmental Outcomes: A Systematic Review of Longitudinal Studies," *Acta Paediatrica* 97 (2008): 153-58.
11. University of California. Riverside, Department of Psychology, Ross D. Parke biography.
12. Ross D. Parke, "Fathering and Children's Peer Relationships," in Lamb, *Role of the Father*, 4th ed., 309.
13. Ibid., 312.
14. Ibid.
15. S.L.Champion et al., "Parental Work Schedules and Child Overweight and Obesity," *International Journal of Obesity* 30, no. 4 (2012): 573-80.
16. Man Ki Kwok et al., "Paternal Smoking and Childhood Overweight: Evidence from the Hong Kong 'Children of 1997,'" *Pediatrics* 126. no. 1 (2009): c46-e56.
17. Rebecca Sear and Ruth Mace. "Who Keeps Children Alive?: A Review of the Effects of Kin on Child Survival," *Evolution and Human Behavior* 29. no. 1 (2008): 1-18.

■第７章　ティーンエイジャー——父親の不在、思春期、ハタネズミの貞節

1. Danielle J. DelPriore and Sarah E. Hill, "The Effects of Paternal Disengagement on Women's Sexual Decision Making: An Experimental Approach," *Journal of Personality and Social Psychology* 105, no. 2 (2013): 234-46.
2. James Eng, "90 Pregnancies at One High School," NBC News, Jan. 14, 2011.
3. Bruce J. Ellis, telephone interview with the author, Aug. 7, 2013.
4. Jay Belsky, "Childhood Experience and the Development of Reproductive

Maternal Sensitivity," *Journal of Child Psychology and Psychiatry* 52, no. 8 (2011): 907-15.
10. James E. Swain, "Parenting and Neural Plasticity in Fathers' Brains" (unpublished study), personal communication, March 26, 2013.
11. Ruth Feldman, "Infant-Mother and Infant-Father Synchrony: The Coregulation of Positive Arousal," *Infant Mental Health Journal* 24, no. 1 (2003): 1-23.
12. Lamb, *Role of the Father*, 5th ed., 97-98.
13. Natasha J. Cabrera et al., "Explaining the Long Reach of Fathers' Prenatal Involvement on Later Paternal Engagement," *Journal of Marriage and Family* 70, no. 5 (2008): 1094.
14. Liat Tikotzky et al., "Infant Sleep and Paternal Involvement in Infant Caregiving During the First 6 Months of Life" *Journal of Pediatric Psychology* 36, no.1 (2010): 36-46.
15. Paul G. Ramchandani et al., "Do Early Father-Infant Interactions Predict the Onset of Externalizing Behaviours in Young Children?" *Journal of Child Psychology* and Psychiatry 54, no. 1 (2013): 56-64.
16. Lee T. Gettler et al., "Longitudinal Evidence That Fatherhood Decreases Testosterone in Human Males," PNAS 108, no. 39 (2011): 16194-99.
17. "Safety Concerns About Testosterone Gel," WebMD.
18. Patty X. Kuo et al, "Neural Responses to Infants Linked with Behavioral Interactions and Testosterone in Fathers," *Biological Psychology* 91, no. 2 (2012): 302-306.

■第6章　幼児期および学童期――言葉、学習、バットマン

1. Michael E. Lamb, ed., *The Role of the Father in Child Development*, 5th ed. (Hoboken, NJ: Wiley, 2010), 4-5.
2. Michael Kimmel, *Guyland: The Perilous World Where Boys Become Men* (New York: Harper, 2008), 45-46.
3. Nadya Pancsofar and Lynne Vernon-Feagans, "Fathers' Early Contributions to Children's Language Development in Families from Low-Income Rural Communities," *Early Childhood Research Quarterly* 25, no. 4 (2010): 450-63.
4. Catherine S. Tamis LeMonda et al., "Fathers and Mothers at Play With Their 2- and 3-Year-Olds: Contributions to Language and Cognitive Development," *Child Development* 75, no. 6 (2004): 1806-20.
5. Daniel Nettle, "Why Do Some Dads Get More Involved Than Others? Evidence from a Large British Cohort," *Evolution and Human Behavior* 29

8, 161-63, 231-33, 236, 242-43, 245, 259, 260, 261, 266.
13. Masson, *Emperor's Embrace*, 53.
14. Bernard Chapais, "Monogamy, Strongly Bonded Groups, and the Evolution of Human Social Structure," *Evolutionary Anthropology* 22, no. 2 (2013): 52-65.
15. Barash and Lipton, *Strange Bedfellows*, 28-29.
16. David J. Varricchio et al., "Avian Paternal Care Had Dinosaur Origin," *Science* 322 (2008):1826-28.
17. Ruth Padawer, "Who Knew I Was Not the Father?" *New York Times*, Nov. 17, 2009.
18. Barash and Lipton, *Strange Bedfellows*, 53.
19. Stephen J. Suomi, interview with the author, March 11, 2011.
20. William K. Redican and G. Mitchell, "Play Between Adult Male and Infant Rhesus Monkeys," *American Zoologist* 14, no. 1 (1974): 295-302.
21. Charlene Laino, "Men Also Get Postpartum Depression," WebMD, May 6, 2008.
22. Michael E. Lamb, ed., *The Role of the Father in Child Development*, 5th ed. (Hoboken, NJ: Wiley, 2010), 107-108.

■第５章　乳児期――作り変えられる父親の脳

1. James P. McHale, *Charting the Bumpy Road of Coparenthood: Understanding the Challenges of Family Life* (Washington, DC: Zero to Three. 2007), 5.
2. Carolyn Pape Cowan and Philip A. Cowan, *When Partners Become Parents: The Big Life Change for Couples* (New York: Basic Books, 1992), 80-82.
3. Michael E. Lamb, ed., *The Role of the Father in Child Development*, 5th ed. (Hoboken, NJ: Wiley, 2010), 96.
4. Ibid., 97.
5. Sarah Blaffer Hrdy, *Mothers and Others: The Evolutionary Origins of Mutual Understanding* (Cambridge, MA: Harvard University Press, 2009), 42.
6. James E. Swain and Jeffrey P. Lorberbaum, "Imaging the Human Parental Brain," in *Neurobiology of the Parental Brain* (Amsterdam: Elsevier, 2008), 84.
7. Marian F. MacDorman, Donna L. Hoyert, and T. J. Mathew, "Recent Declines in Infant Mortality in the United States, 2005-2011," National Center for Health Statistics data brief no. 120 (April 2013).
8. James F. Leckman,"Early Parental Preoccupations and Behaviors and Their Possible Relationship to the Symptoms of Obsessive-Compulsive Disorder," *Acta Psychiatrica Scandinavica* 100, Supplement S396 (1999): 1-26.
9. Pilyoung Kim et al., "Breastfeeding, Brain Activation to Own Infant Cry, and

the Challenges of Family Life (Washington, DC: Zero to Three, 2007), 2, 30, 56-57, 61.

20. Natasha J. Cabrera et al., "Explaining the Long Reach of Fathers' Prenatal Involvement on Later Paternal Engagement," *Journal of Marriage and Family 70*, no. 5 (2008): 1094.
21. Cowan and Cowan, When Partners Become Parents, 97.
22. Philip A. Cowan et al., "Promoting Fathers' Engagement with Children: Preventive Interventions for Low-Income Families," *Journal of Marriage and Family* 71, no. 3 (2009): 663-79.

■第４章　実験室から見る父親――二十日鼠と人間

1. Allison L. Foote and Jonathon D. Crystal, "Metacognition in the Rat," *Current Biology* 17, no. 6 (2007). 551-55.
2. Craig Howard Kinsley and Kelly G. Lambert, "The Maternal Brain," *Scientific American*, January 2006.
3. James P. Curley, "Parent-of-Origin Effects on Parent ill Behavior," in Robert S. Bridges, ed., *Neurobiology of the Parental Brain* (Amsterdam: Elsevier, 2008), 326.
4. Jeffrey Moussaieff Masson, *The Emperor's Embrace* (New York: Washington Square Press, 1999), 26-28.
5. Ibid., 68-69.
6. Natalie Angier, "Paternal Bonds, Special and Strange," *New York Times*, June 14, 2010.
7. Hanna Kokko and Michael Jennilions, "Behavioural Ecology; Ways to Raise Tadpoles," *Nature* 464 (201.0): 990.
8. Masson, *Emperor's Embrace*, 74-75.
9. David P. Barash and Judith Eve Lipton, *Strange Bedfellows: The Surprising Connection Between Sex, Evolution and Monogamy* (New York: Bellevue Literary Press, 2009), 73-76.
10. Sofia Refetoff Zafed et al., "Social Dynamics and Individual Plasticity of Infant Care Behavior in Cooperatively Breeding Cotton-Top Tamarins," *American Journal of Primatology* 72, no. 4 (2009): 296.
11. Karen M. Kostan and Charles T. Snowdon, "Attachment and Social Preferences in Cooperatively-Reared Cotton-Top Tamarins," *American Journal of Primatology* 57, no. 3 (2002): 131-39.
12. Judith Walzer Leavitt, *Make Room for Daddy: The Journey from Waiting Room* to Birthing Room (Chapel Hill: University of North Carolina Press, 2009), 1-7,

7. Ibid., 52.
8. Katherine E. Wynne-Edwards, "Why Do Some Men Experience Pregnancy Symptoms Such as Vomiting and Nausea When Their Wives Are Pregnant?" *Scientific American*, June 28, 2004.
9. Anne E. Storey et al., "Hormonal Correlates of Paternal Responsiveness in New and Expectant Fathers," *Evolution and Human Behavior* 21, no. 2 (2000): 79-95.
10. Jennifer S. Mascaro, Patrick D. Hacketta, and James K. Rilling, "Testicular Volume Is, Inversely Correlated with Nurturing-Related Brain Activity in Human Fathers," *Proceedings of the National Academy of Sciences*, early online edition, Sept. 4, 2013.
11. Sarah Zhang, "Better Fathers Have Smaller Testicles," *Nature News*, Sept. 9, 2013.
12. Prakesh S. Shah and Knowledge Synthesis Group, "Paternal Factors and Low Birthweight, Preterm, and Small for Gestational Age Births: A Systematic Review," *American Journal of Obstetrics and Gynecology* 202, no. 2 (2010): 103-23.
13. "Father Involvement in Pregnancy Could Reduce Infant Mortality," EurekAlert, June 17, 2010.
14. Lesley M. E. McCowan et al., "Paternal Contribution to Small for Gestational Age Babies: A Multi center Prospective Study," *Obesity* 19, no. 5 (2011): 1035-39.
15. Sarah Blaffer Hrdy, *Mothers and Others: The Evolutionary Origins of Mutual Understanding* (Cambridge, MA: Harvard University Press, 2009), 82.
16. Anthony Storr, *Freud: A Very Short Introduction* (Oxford: Oxford University Press, 1989), 146. J. Allan Hobson and Jonathan A. Leonard, *Out of Its Mind: Psychiatry in Crisis: A Call for Reform* (New York: Basic Books, 2001).
17. Anne Lise Kvalevaag et al, "Paternal Mental Health and Socioemotional and Behavioral Development in their Children," *Pediatrics* 131, no. 2 (2013): e463-69.
18. Laurie Barclay, "Paternal Depressive Symptoms During Pregnancy May Predict Excessive Infant Crying," *Medscape*, July 10, 2009; Mijke P. van den Berg et al., "Paternal Depressive Symptoms During Pregnancy Are Related to Excessive Infant Crying," *Pediatrics* 124, no. 1 (2009); R. Neal Davis et al., "Fathers' Depression Related to Positive and Negative Parenting Behaviors with 1-Year-Old Children," *Pediatrics* 127, no. 4 (2011): 612-18.
19. James P. McHale, *Charting the Bumpy Road of Coparenthood: Understanding*

27. Tania A. Desrosiers et al., "Paternal Occupation and Birth Defects: Findings from the National Birth Defects Prevention Study," *Occupational and Environmental Medicine* 69, no. 8 (2012): 534-42.
28. James P. Curley, interview with the author, Jan. 4, 2011.

■第2章　受精──遺伝子同士が行う綱引き

1. Nicholas Wade, "Genetic Maker of Men Is Diminished but Holding Its Ground, Researchers Say," *New York Times*, Feb. 22, 2012.
2. M. Azim Surani, interview with the author, Aug. 3, 2013; and Surani, interview with Alan Macfarlane, June 19, 2009.
3. Ilona Miko, "Gregor Mendel and the Principles of Inheritance," *Nature Education* 1, no.1 (2008):134.
4. Ibid.
5. David Haig, "Genetic Conflicts in Human Pregnancy," *Quarterly Review of Biology* 68, no. 4 (1993): 495-532.
6. Thomas M. DeChiara et al., "A Growth-Deficiency Phenotype in Heterozygous Mice Carrying an Insulin-like Growth Factor II Gene Disrupted by Targeting," *Nature* 345 (1990): 78; T. M. DeChiara et al., "Parental Imprinting of the Mouse Insulin-like Growth Factor II Gene," *Cell* 64, no. 4 (1991): 849-59.
7. Bernhard Horsthemke, "Of Wolves and Men: The Role of Paternal Child Care in the Evolution of Genomic Imprinting," *European Journal of Human Genetics* 17, no. 3 (2009): 273-74.
8. Christopher Badcock and Bernard Crespi, "Battle of the Sexes May Set the Brain," *Nature* 454 (2008): 1054.
9. Arthur L. Beaudet, "Angelman Syndrome: Drugs to Awaken a Paternal Gene," *Nature* 481 (2012):150-52.

■第3章　妊娠──ホルモン、うつ、最初の争い

1. Carolyn Pape Cowan and Philip A. Cowan, *When Partners Become Parents: The Big Life Change for Couples* (New York: Basic Books, 1992), 1.
2. Ibid., x.
3. Ibid., 52, 57, 53, 65, 67.
4. Ibid., 65.
5. Kyle D. Pruett and Marsha Kline Pruett, *Partnership Parenting: How Men and Women Parent Differently — Why It Helps Your Kids and Can Strengthen Your Marriage* (New York: Da Capo, 2009), 22.
6. Cowan and Cowan, *When Partners Become Parents*, 100.

3. Barry S. Hewlett, *Intimate Fathers: The Nature and Context of Aka Pygmy Paternal Infant Care* (Ann Arbor: University of Michigan Press, 1991), 157-62.
4. Richard Wrangham, *Catching Fire: How Cooking Made Us Human* (New York: Basic Books, 2009), 119.
5. Hewlett, *Intimate Fathers*, 151-65.
6. Hrdy, *Mothers and Others*, 101.
7. Ibid., 73.
8. Hewlett, *Intimate Fathers*, 11-14.
9. Ibid., 32.
10. Ibid., 33.
11. Ibid., 126.
12. Ibid., 140.
13. Ibid., 103-104.
14. Ibid., 89-90.
15. Ibid., 172.
16. Emily Anthes, "The Bad Daddy Factor," *Pacific Standard*, Dec. 10, 2010
17. L. O. Bygren et al., "Longevity Determined by Paternal Ancestors' Nutrition During Their Slow Growth Period," *Acta Biotheoretica* 49(2001):53-59.
18. M. E. Pembrey et al., "Sex Specific, Male-Line Transgenerational Responses in Humans," *European Journal of Human Genetics* 14, no. 2 (2006): 159-66.
19. Sara Reardon, "Dad's Diet May Give Children Diabetes," Science NOW, Oct. 20, 2010.
20. Sheau-Fang Ng et al., "Chronic High-Fat Diet in Fathers Programs Beta-Cell Dysfunction in Female Rat Offspring," *Nature* 467 (2010): 963.
21. Michael K. Skinner, "Fathers' Nutritional Legacy," *Nature* 467 (2010): 922.
22. Benjamin R. Carone et al., "Paternally Induced Transgenerational Environmental Reprogramming of Metabolic Gene Expression in Mammals," *Cell* 143, no, 7 (2010): 1084-96.
23. David M. Dietz et al., "Paternal Transmission of Stress-Induced Pathologies," *Biological Psychiatry* 70, no.5 (2011): 408-14.
24. Lorena Saavedra-Rodríguez and Larry A. Feig. "Chronic Social Instability Induces Anxiety and Defective Social Interactions Across Generations," *Biological Psychiatry* 73, no. 1 (2013): 44-53.
25. Brian G. Dias and Kerry J. Ressler, "Paternal Olfactory Experience Influences Behavior and Neural Structure in Subsequent Generations," *Nature Neuroscience*, Dec. 1, 2013.
26. Begley, "Sins of the Grandfathers," Newsweek.com, Oct. 30. 2010.

註

■はじめに　屋根裏のがらくたを一掃する

1. "Thrown by Life's Curveballs, a Star Missed the Signals," *New York Times*, Aug. 4, 2013.
2. Michael E. Lamb, ed., *The Role of the Father in Child Development*, 1st ed. (New York: Wiley, 1976), 1.
3. Ibid., 3-5.
4. Ibid., 7.
5. Ibid., 25.
6. Myrna M. Weissman et al., "Remissions in Maternal Depression and Child Psychopathology: A STAR*D-Child Report," *Journal of the American Medical Association* 295. no. 12(2006):1389-98.
7. Lamb, *Role of the Father*. 1st ed,, 29-30,
8. Kyle D. Pruett, *Fatherneed: Why Father Care is as Essential as Mother Care for Your Child* (New York: Free Press, 2000), 6.
9. Elizabeth H. Pleck and Joseph H. Pleck, "Fatherhood (deals in the United States: Historical Dimensions," in *The Role of the Father in Child Development*, 3rd ed., edited by Michael E. Lamb (New York: Wiley, 1997), 42.
10. Josh Levs, "Amid Fury, Clorox Pulls Post Insulting New Dads" CNN.com, June 27, 2013.
11. Michael E. Lamb, ed, *The Role of the Father in Child Development*, 4th ed. (Hoboken, NJ: Wiley, 2004), 3.
12. Ross D. Parke and Armin A. Brott, *Throwaway Dads: The Myths and Barriers That Keep Men from Being the Fathers They Want to Be* (Boston: Houghton Mifflin, 1999), 4-5.
13. Barack Obama, Father's Day Remarks (transcript), *New York Times*, June 15, 2008.

■第１章　父親のルーツ――ピグミー、キンカチョウ、飢饉

1. Sarah Blaffer Hrdy, *Mothers and Others: The Evolutionary Origins of Mutual Understanding* (Cambridge, MA: Harvard University Press, 2009), 88.
2. Harriet J. Smith, *Parenting for Primates* (Cambridge, MA: Harvard University Press, 2006), 71. Hrdy, *Mothers and Others*, 161-64.

ポール・レイバーン（Paul Raeburn）
ＡＰ通信科学担当デスク、米国科学著述協会会長を経て、科学記者・解説者。「ディスカバー」、「サイエンティフィック・アメリカン」、「ハフィントン・ポスト」などに寄稿多数。
主な著書に『火星』（日経ナショナルジオグラフィック社）などがある。

東竜ノ介（あずま・りゅうのすけ）
１９６２年東京生まれ。成城大学文芸学部卒業。主な訳書にアイアンガー『アイアンガー心のヨガ』（共訳　白揚社）など。

父親の科学

二〇一九年六月三〇日　第一版第一刷発行
二〇一九年八月二十九日　第一版第二刷発行

著　者　ポール・レイバーン
訳　者　東竜ノ介
発行者　中村幸慈
発行所　株式会社白揚社　©2019 in Japan by Hakuyosha
〒101-0062　東京都千代田区神田駿河台1-7
電話03-5281-9772　振替00130-1-25400
装　幀　岩崎寿文
印刷・製本　中央精版印刷株式会社

ISBN 978-4-8269-0208-3

ダグラス・ケンリック著　山形浩生・森本正史訳

野蛮な進化心理学

殺人とセックスが解き明かす人間行動の謎

性や暴力といった刺激的なトピックから、偏見、記憶、芸術、宗教、経済、政治、果ては人生の意味といった高尚なテーマまで、今もっとも注目を集める研究分野＝進化心理学の知見を総動員して徹底的に解説。　四六判　３４０ページ　本体価格２４００円

ティム・スペクター著　熊谷玲美訳

ダイエットの科学

「これを食べれば健康になる」のウソを暴く

朝食は必ずとるべきだ、ビタミンサプリで健康になれる、太るのは意志が弱いからだ…食事とダイエットの〈常識〉には誤りがいっぱい！　最新科学が解き明かす健康な食生活の秘密と腸内細菌の知られざる力。　四六判　４３２ページ　本体価格２５００円

マリー・カーペンター著　黒沢令子訳

カフェインの真実

賢く利用するために知っておくべきこと

コーヒー、茶、清涼飲料、エナジードリンク、サプリ…多くの製品に含まれ、抜群の覚醒作用で人気のカフェイン。その効能や歴史から、中毒や副作用等の危険な弊害まで、世界を虜にする〈薬物〉の魅力と正体。　四六判　３６８ページ　本体価格２５００円

アナスタシア・マークス・デ・サルセド著　田沢恭子訳

戦争がつくった現代の食卓

軍と加工食品の知られざる関係

プロセスチーズ、パン、成型肉、レトルト食品、シリアルバー、食品用ラップやプラスチック容器…身近な食品がどう開発され、軍と科学技術がどんな役割を果たしてきたかを探る刺激的なノンフィクション。　四六判　３８４ページ　本体価格２６００円

ウィリアム・B・アーヴァイン著　竹内和世訳

良き人生について

ローマの哲人に学ぶ生き方の知恵

心の平静を手に入れ、自分らしく生きるには？　何かを失う不安、失敗への恐れ、人間関係の悩み、他人からの侮辱、死と老い、富や名声に対する渇望。重たい感情から解放されて自由に生きるためのヒント。　四六判　３０４ページ　本体価格２５００円